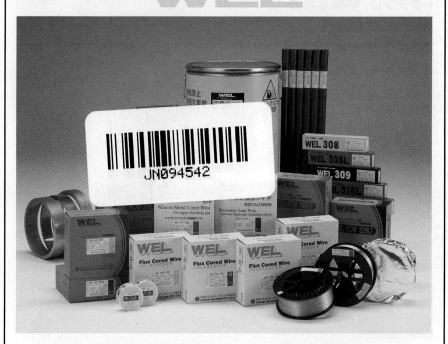
（広3）

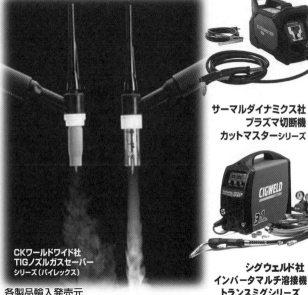

エンドタブの総合メーカー

鋼構造物の設計・施工技術が飛躍的に向上している近年、特に建築鉄骨の加工部門において、極めて高度な溶接技術が求められています。

当社ではこのニーズにお応えするため、最新の設備と多年の技術の蓄積により、全ての開先形状に対応できる自社日本製のＥＦＴ－セラミックスタブを100種類以上取り揃えています。

また、スチールタブ・裏当て金・ガウジングカーボン等も取り揃え、即日出荷も可能です。

■ EFT-セラミックスタブ（自社日本製）

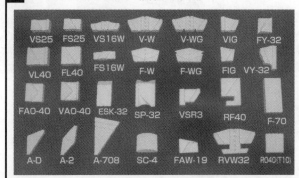

VS25　FS25　VS16W　V-W　V-WG　VIG　FY-32
VL40　FL40　FS16W　F-W　F-WG　FIG　VY-32
FAO-40　VAO-40　ESK-32　SP-32　VSR3　RF40　F-70
A-D　A-2　A-708　SC-4　FAW-19　RVW32　RO40(T10)

100種類以上のタイプを取り揃えておりますので全ての開先形状への対応が可能です。即日出荷できます。また、特殊な形状もご相談に応じて製作いたします。

■ エーホースチールタブ　　■ 裏当て金

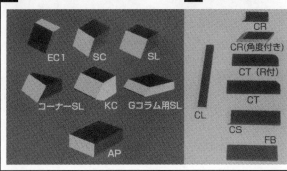

EC1　SC　SL
コーナーSL　KC　Gコラム用SL
AP

CR
CR(角度付き)
CT（R付）
CT
CS
CL　FB

各種タイプ取り揃えております。その他特殊形状や寸法、数量等、ご要望に応じて出荷致します。（ミルシートもご要望に応じて発行致します。）

K.K.EIHO

溶接用エンドタブと裏当て金の総合メーカー
株式会社 エーホー

本　社 〒214-0021 神奈川県川崎市多摩区宿河原2丁目23番3
TEL:044-932-1416　FAX:044-900-6110
http://www.kk-eiho.com/

JKWの建築用溶接材料

①ガスシールドアーク溶接材料

ワイヤ	JIS区分	用途
KC-55G	YGW18	高入熱・高パス間温度対応ワイヤ
KC-55GR	YGW18	ロボット用高入熱・高パス間温度対応ワイヤ
KM-55G	YGW19	高入熱・高パス間温度対応ワイヤ
KC-60	G59JA1UC3M1T	高入熱・高パス間温度対応ワイヤ

②サブマージアーク溶接材料

1パス溶接用	多層溶接用
KB-55I／KW-55	KB-55IM／KW-55
（JIS Z3183 S532-H）	（JIS Z3183 S532-H）
KB-55IAD／KW-55	KB-110／KW-55
（JIS Z3183 S582-H）	（JIS Z3183 S584-H）
KB-55I／KW-101B	KB-55IM／KW-101B
（JIS Z3183 S622-H4）	（JIS Z3183 S624-H4）
KB-60IAD／KW-55	KB-110／KW-101B
（JIS Z3183 S621-H2）	（JIS Z3183 S624-H3）

株式会社 JKW www.jkw.co.jp

本　　　社 : 東京都台東区蔵前 2-17-4　JFE蔵前ビル　TEL 03-3864-3530

東日本営業室 : TEL 03-3864-3530　　　名古屋支店 : TEL 052-561-3442
大 阪 支 店 : TEL 06-6395-2233　　　西日本支店 : TEL 084-973-2561

内外溶接材料銘柄一覧 2023年版

産報出版

目　　　次

溶接棒・ワイヤ関係掲載会社一覧

《 国　　内 》

㈱イノウエ
〒101-0044　東京都千代田区鍛冶町1-7-11（KCAビル8F）　http://www.kk-inoue.co.jp　TEL.03-3252-6386

エコウエルディング㈱
〒243-0303　神奈川県愛甲郡愛川町中津3503-8　http://www.ecowelding.co.jp/　TEL.046-284-3105

㈱神戸製鋼所　溶接事業部門
〒141-8688　東京都品川区北品川5-9-12　http://www.kobelco.co.jp/　TEL.03-5739-6323

㈱JKW
〒111-0051　東京都台東区蔵前2-17-4（JFE蔵前ビル）http://www.jkw.co.jp/　TEL.03-3864-3530

四国溶材㈱
〒794-0083　今治市宅間甲360　http://www.sweco.co.jp　TEL.0898-23-3500

新日本溶業㈱
〒650-0047　神戸市中央区港島南町3-6-5　http://www.snyg.co.jp　TEL.078-306-0515

㈱進　和
〒463-0046　名古屋市守山区苗代2-9-3　http://www.shinwa-jpn.co.jp/　TEL.052-796-2530

住友電気工業㈱（販売元）
〒541-0041　大阪市中央区北浜4-5-33　TEL.06-6220-4320

富山住友電工㈱（製造元）
〒934-8522　射水市奈呉の江10-2　TEL.0766-84-7122

㈱大進工業研究所
〒551-0031　大阪市大正区泉尾7-1-7　http://www.daishin-lab.com　TEL.06-6552-7940

大同特殊鋼㈱
〒108-8478　東京都港区港南1-6-35（大同品川ビル）　http://www.daido.co.jp　TEL.03-5495-1272

㈱タセト
〒222-0033　横浜市港北区新横浜2-4-15（太田興産ビル4F）　http://www.taseto.com/　TEL.045-624-8913

㈱ツルヤ工場
〒330-0063　さいたま市浦和区高砂3-17-20　http://www.tsuruya-works.co.jp　TEL.048-861-2451

東海溶業㈱
〒470-0334　豊田市花本町井前1-29　http://www.tokai-yogyo.co.jp　TEL.0565-43-2311

東京溶接棒㈱
〒661-0047　尼崎市西昆陽1-21-26　TEL.06-6431-1565

トーホーテック㈱
〒253-0041　茅ヶ崎市茅ヶ崎3-3-5　http://www.tohotec.co.jp　TEL.0467-82-2170

トーヨーメタル㈱
〒590-0833　堺市堺区出島海岸通4-4-3　TEL.072-241-4422

特殊電極㈱
〒660-0881　尼崎市昭和通2-2-27　http://www.tokuden.co.jp　　　　TEL.06-6401-9421

特殊溶接棒㈱
〒590-0982　堺市堺区海山町3-156　http://www.itos.ne.jp/~tokuyou/　　　TEL.072-229-6677

㈱鳥谷溶接研究所
〒660-0834　尼崎市北初島町16-10　http://www.toritani.co.jp/profile/　　TEL.06-4868-5311

ナイス㈱
〒660-0804　尼崎市北大物町20-1　http://www.neis-co.com　　　　TEL.06-6488-7700

永岡鋼業㈱
〒743-0021　光市浅江5-23-21　http://www.nagaokakogyo.co.jp　　　TEL.0833-71-0092

日軽産業㈱心線部
〒421-3203　静岡市清水区蒲原5407-1　http://www.nikkeisangyo.co.jp　　TEL.054-388-2223

ニツコー熔材工業㈱
〒557-0063　大阪市西成区南津守5-1-2　http://www.nikko-yozai.co.jp/　　TEL.06-6651-9024

日鉄溶接工業㈱
〒135-0016　東京都江東区東陽2-4-2（新宮ビル2F）https://www.weld.nipponsteel.com　TEL.03-6388-9000

日本ウエルディング・ロッド㈱
〒104-0061　東京都中央区銀座1-13-8（ウエルビル）　http://www.nihonwel.co.jp　TEL.03-3563-5171

日本エア・リキード合同会社
〒108-8509　東京都港区芝浦3-4-1　https://industry.airliquide.jp　　TEL.050-3142-3120

日本精線㈱
〒541-0043　大阪市中央区高麗橋4-1-1（興銀ビル）　http://www.n-seisen.co.jp　TEL.06-6222-5431

日本電極工業㈱
〒565-0875　吹田市青山台4-19-10　http://nihonrode.com　　　　TEL.06-6831-5910

パナソニック コネクト㈱
〒561-0854　豊中市稲津町3-1-1　https://connect.panasonic.com/jp-ja/　TEL.0120-700-912

㈱菱小
〒350-0833　川越市芳野台2-8-9　http://www.hishiko.co.jp　　　　TEL.049-223-1701

日立金属㈱桶川工場
〒363-8510　桶川市日出谷1230　http://www.hitachi-metals.co.jp　　TEL.048-786-3709

㈱福島熔材工業所
〒960-8162　福島市南町251-1　　　　　　　　　　　　　　　TEL.024-546-2893

吉川金属工業㈱
〒340-0834　八潮市大曽根1237　http://www.yoshikawa-kinzoku.co.jp　TEL.048-997-5612

《 海　外 》

AMPCO（アメリカ）
中越合金鋳工㈱
〒930-0298　富山県中新川郡立山町西芦原新1-1　http://www.chuetsu-metal.co.jp　TEL.076-463-1211

ARCOS（アメリカ）
EUREKA（アメリカ）
愛知産業㈱
〒140-0011　東京都品川区東大井2-6-8　http://www.aichi-sangyo.co.jp　TEL.03-6800-1122

BEDRA（ドイツ）
㈱オベロン
〒662-0911　西宮市池田町4-28　http://www.oberon.co.jp　TEL.0798-37-1234

KENNAMETAL STELLITE（アメリカ・ドイツ・上海）
Haynes International（アメリカ）
三興物産㈱
〒556-0013　大阪市西区新町2-4-2（なにわ筋SIAビル7F）　http://www.sanko-stellite.co.jp/　TEL.06-6534-0534

EUTECTIC（アメリカ）＋Castolin（ドイツ）
ユテクジャパン㈱（旧日本ユテク㈱）
〒244-0812　横浜市戸塚区柏尾町294-5　http://www.eutectic.co.jp　TEL.045-825-6900

LINCOLN ELECTRIC（アメリカ）
リンカーンエレクトリックジャパン㈱
〒223-0057　横浜市港北区新羽町424-5　http://www.lincolnelectric.co.jp　TEL.045-834-9651

MAGNA（アメリカ）
CIGWELD（オーストラリア）
STOODY（アメリカ）
㈱エクシード
〒243-0301　神奈川県愛甲郡愛川町中津3503-8　http://www.exceeds.co.jp　TEL.046-281-5885

SAFRA（イタリア）
日酸TANAKA㈱
〒212-0024　川崎市幸区塚越4-320-1　http://nissantanaka.com/　TEL.044-549-9645

STOODY（アメリカ）
㈱東京ハードフェイシング
〒146-0093　東京都大田区矢口2-20-15　http://www.tokyo-hardfacing.co.jp/　TEL.03-3759-6371

Special Metals（アメリカ、製造社名　Special Metals Welding Products Company）
スペシャルメタルズ・ジャパン
〒194-0003　町田市小川2-25-4（PCCディストリビューション・ジャパン㈱）　http://www.specialmetals.com/　TEL.042-706-9920
JAマテリアルズ㈱
〒220-0031　横浜市西区宮崎町66-1-507　TEL.045-250-6322

TECHNOGENIA（フランス）
　㈱バイコウスキージャパン
　　〒275-0001　習志野市東習志野6-17-13　　　　　　　　　　TEL.047-473-8150

voestalpine Böhler Welding（ドイツ／オーストリア／ベルギー）
　吉川金属工業㈱
　　〒340-0834　八潮市大曽根1237　http://www.yoshikawa-kinzoku.co.jp　　　TEL.048-997-5612

安丘新建業登峰溶接材料（中国）
　㈱東安
　　〒448-0013　刈谷市恩田町4-153-8　http://www.toan-japan.com　　　TEL.0566-78-8301

キスウェル（韓国）
　キスウェルジャパン㈱
　　〒556-0011　大阪市浪速区難波中3-8-24　http://www.kiswel.com　　　TEL.06-6636-6615

現代綜合金属（韓国）
　現代綜合金属ジャパン㈱
　　〒530-0004　大阪市北区堂島浜1-4-16（アクア堂島NBFタワー13F）http://www.hyundaiwelding.com　TEL.06-6147-2312

廣泰金属日本㈱
　　〒103-0012　東京都中央区日本橋堀留町1-5-11（堀留Dビル2F）http://www.kuangtaij.com　TEL.03-5641-0451

世亞エサブ（韓国）
　㈱世亞エサブ　日本事務所
　　〒532-0011　大阪市淀川区西中島3-23-15（セントアーバンビル706号）　　TEL.06-6838-8782〜3

中鋼焊材（台湾）
　㈱メテックス
　　〒577-0045　東大阪市西堤本通1-1-1（東大阪大発ビル1023号）　　　TEL.06-6789-5205

天泰銲材工業（台湾）
　天泰東京事務所
　　〒340-0834　八潮市大曽根1237（吉川金属工業株式会社内）　　　TEL.048-995-3880

凡　　　例

(1) 本書の溶接材料銘柄は，2022年9月の調査に基づいて掲載しました。

(2) 日本製の溶接材料銘柄については，製造会社，販売会社に調査書を送付し，回答に基づいて該当箇所に掲載しました。

(3) 外国製の溶接材料銘柄については，輸入会社に調査書を送付し，回答に基づいて該当箇所に掲載しました。

(4) 溶接材料銘柄は，原則としてJIS（JIS規格の種類に相当する銘柄も含む）によって分類しました。また，AWSによって分類している銘柄もあります。

(5) JISおよびAWSに該当しない溶接材料銘柄は，「種類」項目に「その他」を設けて掲載しました。

(6) 化学成分，機械的性質などが異なる溶接材料銘柄も，その規格に準ずるものであると判断できる場合に限り，もっとも近いところに掲載しました。

◆編集委員（順不同）

今岡　　進（㈱神戸製鋼所）

金内　　勲（日鉄溶接工業㈱）

軟鋼,高張力鋼及び低温用鋼用被覆アーク溶接棒

軟鋼用被覆アーク溶接棒

JIS Z 3211:2008

種　　　　　類	E4319	E4319U	E4303	E4303U
被覆剤(フラックス)の系統	イルミナイト系	イルミナイト系	ライムチタニヤ系	ライムチタニヤ系
溶　接　姿　勢	全姿勢用	全姿勢用	全姿勢用	全姿勢用
神戸製鋼	B-10 BI-14 Z-1	B-14 B-17	TB-24 TB-43 TB-I24 Z-44	
JKW	RV-01	KS-7 KS-8	RV-03	KS-03R
四国溶材		シコクロードNo.8	シコクロードSR-2	シコクロードSR-1
新日本溶業	AW-01		AW-03	
ツルヤ工場	T-101		RT-12	
東海溶業			HT-3	
特殊電極	FM FM-2			
特殊溶接棒			HS-45	
ニツコー熔材工業	ED-6 ED-7 SK-200		LC-3 LC-6 LC-08 SF-16S	
日鉄溶接工業	B-1 A-10	A-14 A-17	S-03B	NS-03Hi NS-03T S-03Z
日本電極工業	ND120		NIT30 NIT50	
福島熔材工業所	FK-100		FLT-18	
吉川金属工業		Y-100	LY-3	
キスウェル	KI-101LF		KT-303	
現代綜合金属	S-4301.I		S-4303.T S-4303.V	
廣泰金属日本	KT-401		KT-403 KT-7 KT-42	
世亞エサブ	SM-4301			
中鋼焊材		D36 D200 ND150L	NK32 G03	
天秦銲材工業	E-10		F-03	

軟鋼，高張力鋼及び低温用鋼用被覆アーク溶接棒

JIS Z 3211:2008

種　　　　類	E4310	E4311	E4312	E4313
被覆剤(フラックス)の系統	高セルロース系	高セルロース系	高酸化チタン系	高酸化チタン系
溶　接　姿　勢	全姿勢用	全姿勢用	全姿勢用	全姿勢用
神戸製鋼	KOBE-6010			B-33 RB-26
JKW				KS-R
四国溶材				シコクロードST-10
新日本溶業				AW-13
ツルヤ工場				RT-10 RT-7
東海溶業				HT-2
特殊電極				SOH
ニツコー熔材工業				SK-100 SK-260
日鉄溶接工業				G-300S S-13Z FT-51
日本電極工業				N3
福島熔材工業所				FR-1 FR-45
吉川金属工業				Y-10
リンカーンエレクトリック	Fleetweld 5P Fleetweld 5P+ Pipeliner 6P+	Fleetweld 35 Fleetweld 35LS Fleetweld 180	Resistens 100 Supra	Cumulo Fleetweld 37 Omnia Panta Universalis
キスウェル		KCL-11		KR-3000 KR-3000V
現代綜合金属	S-6010.D	S-6011.D		S-6013.LF S-6013.V
廣泰金属日本	KT-410	KT-411		KT-413 KT-413V
世亞エサブ				SR-600
中鋼焊材	G10	G11		G13 K120 G13VD
天秦銲材工業	TC-10	TC-11		R-13

種　　　　類	E4316	E4316U	E4318	E4324
被覆剤(フラックス)の系統	低水素系	低水素系	鉄粉低水素系	鉄粉酸化チタン系
溶　接　姿　勢	全姿勢用	全姿勢用	全姿勢用	下向・水平すみ肉用
神戸製鋼	LB-47A LB-52U	LB-26 LB-47		

軟鋼，高張力鋼及び低温用鋼用被覆アーク溶接棒

JIS Z 3211:2008

種　　　　類	E4316	E4316U	E4318	E4324
被覆剤(フラックス)の系統	低水素系	低水素系	鉄粉低水素系	鉄粉酸化チタン系
溶　接　姿　勢	全姿勢用	全姿勢用	全姿勢用	下向・水平すみ肉用
四国溶材	シコクロードSL-16			
新日本溶業	AW-16			
ツルヤ工場		T-404		T-707
鳥谷溶接研究所	LH-43			
ニツコー熔材工業	LS-16 LS-50U			
日鉄溶接工業	S-16W L-43LH	S-16		
福島熔材工業所	FL-70			
リンカーンエレクトリック			Kardo	Fleetweld 22
キスウェル	KH-500LF KH-500T KH-500W			K-7024
現代綜合金属	S-7016.M S-7016.O			S-7024.F
廣泰金属日本	KL-50U			

種　　　　類	E4327	E4340	E4340	E4340
被覆剤(フラックス)の系統	鉄粉酸化鉄系	特殊系(規定なし)	特殊系(規定なし)	特殊系(規定なし)
溶　接　姿　勢	下向・水平すみ肉用	全姿勢用	下向・水平すみ肉用	その他
神戸製鋼			Z-43F	PB-3
JKW			KS-300	
四国溶材			シコクロードSB-27	
ツルヤ工場	T-202			
ニツコー熔材工業	IC-27	NZ-11		
日鉄溶接工業		00	EX-4	
リンカーンエレクトリック	Jetweld 2			
キスウェル	KF-300LF			
現代綜合金属	S-6027.LF			
廣泰金属日本		KT-26		
中鋼焊材	G27			

種　　　　類	E4340U
被覆剤(フラックス)の系統	特殊系(規定なし)
溶　接　姿　勢	立向下進用
日鉄溶接工業	S-16V

高張力鋼用被覆アーク溶接棒

JIS Z 3211:2008

種　　　　　　類	E4903	E4903-G	E4910	E4910-P1
被覆剤(フラックス)の系統	ライムチタニヤ系	ライムチタニヤ系	高セルロース系	高セルロース系
溶　接　姿　勢	全姿勢用	全姿勢用	全姿勢用	全姿勢用
神戸製鋼				KOBE-7010S
ツルヤ工場	RT-50			
ニツコー熔材工業		LA-0 LA-03C		
日鉄溶接工業		ST-03Cr		
リンカーンエレクトリック			Pipeliner 7P+ Shield Arc HYP+	
廣泰金属日本	KL-53			
中鋼焊材	GL24			

種　　　　　　類	E4913	E4914	E4916	E4916U
被覆剤(フラックス)の系統	高酸化チタン系	鉄粉酸化チタン系	低水素系	低水素系
溶　接　姿　勢	－	全姿勢用	全姿勢用	全姿勢用
神戸製鋼			BL-76 LB-24	LB-50A LB-52 LB-52A LB-52UL LB-M52
JKW				KS-76
四国溶材			シコクロードSL-55	
新日本溶業			LH	
ツルヤ工場				LT-53
特殊電極				
鳥谷溶接研究所			LH-50	
ニツコー熔材工業			LS-50 LS-50T LSM-50	
日鉄溶接工業			S-16LH L-52 TK-R 7018	EX-55 L-55 L-55・PX
日本電極工業			NL16VT	
福島熔材工業所			FL-80	
吉川金属工業			YL-50	
EUTECTIC			66	
リンカーンエレクトリック		Fleetweld 47	Baso 100 Conarc 51 Pipeliner 16P	
キスウェル			KK-50LF	K-7016HR
現代綜合金属			S-7016.H S-7016.LF	

軟鋼，高張力鋼及び低温用鋼用被覆アーク溶接棒

JIS Z 3211:2008

種　　　　　類	E4913	E4914	E4916	E4916U
被覆剤(フラックス)の系統	高酸化チタン系	鉄粉酸化チタン系	低水素系	低水素系
溶　接　姿　勢	－	全姿勢用	全姿勢用	全姿勢用
現代綜合金属			S-7016.G S-7016.LS(N1APL)	
廣泰金属日本		KL-514	KL-516	
世亞エサブ			SM-7016	
中鋼焊材				GL52
天秦銲材工業			TL-50	

種　　　　　類	E4916-G	E4918	E4918-IU	E4918U
被覆剤(フラックス)の系統	低水素系	鉄粉低水素系	鉄粉低水素系	鉄粉低水素系
溶　接　姿　勢	全姿勢用	全姿勢用	全姿勢用	全姿勢用
神戸製鋼	LB-490FR LB-A52 LB-O52	LB-52-18		
特殊電極	LF			
鳥谷溶接研究所		LH-78		
ニツコー熔材工業	LAC-51D			
日鉄溶接工業	ST-16M ST-16CrA L-50FR RS-55			
リンカーンエレクトリック		Excalibur 7018 MR Excalibur 7018-1 MR Jetweld LH-70 Jet-LH 78 MR Lincoln 7018AC Baso 48 SP Baso 120 Conarc 49 Pipeliner 17P		
キスウェル		K-7018NHR K-7018NP		
現代綜合金属		S-7018.1 S-7018.G S-7018.1H S-7018.GH		
廣泰金属日本		KL-508		
世亞エサブ	HT-60G(R)			
天秦銲材工業		TL-508		
中鋼焊材			GL5218-1	GL5218

軟鋼，高張力鋼及び低温用鋼用被覆アーク溶接棒

種　　　　　類	E4919-1M3	E4919-G	E4924	E4928
被覆剤(フラックス)の系統	イルミナイト系	イルミナイト系	鉄粉酸化チタン系	鉄粉低水素系
溶　接　姿　勢	全姿勢用	全姿勢用	下向・水平すみ肉用	下向・水平すみ肉用
神戸製鋼		BA-47	LT-B50	LT-B52A
四国溶材				シコクロードSLH-52
ツルヤ工場				T-808
リンカーンエレクトリック			Ferrod 135T	Conarc L150
			Ferrod 160T	Conarc V180
			Ferrod 165A	Conarc V250
			Gonia 180	Excalibur 7028
			Jetweld 1	
キスウェル				K-7028LF
現代綜合金属				S-7028.F
廣泰金属日本			KL-524	KL-526

種　　　　　類	E4928U	E4940-G	E4940-G	E4948
被覆剤(フラックス)の系統	鉄粉低水素系	特殊系(規定なし)	特殊系(規定なし)	低水素系
溶　接　姿　勢	下向・水平すみ肉用	水平すみ肉用	全姿勢用	全姿勢用
神戸製鋼				LB-52T
JKW		KS-78		KS-76T
四国溶材		シコクロードSM-50G		シコクロードSL-50T
				シコクロードSLV-16
ニッコー溶接工業		NRS-50		
日鉄溶接工業		M-50G	EX-50G	L-48V
		EX-50F	(ライムチタニヤ系)	TW-50
リンカーンエレクトリック				Baso 26V
現代総合金属				S-7048.V
廣泰金属日本				KL-50V
中鋼焊材	GL528			
	GL5226			

種　　　　　類	E4948	E4948	E4948-G	E4948-G
被覆剤(フラックス)の系統	低水素系	低水素系	低水素系	低水素系
溶　接　姿　勢	立向下進用	－	全姿勢用	立向下進用
神戸製鋼	LB-26V		NB-A52V	NB-A52V
	LB-52V			
JKW	KS-76V		RV-50T	
ニツコー熔材工業	LS-16V			
	LS-50V			
日鉄溶接工業	L-55V			EX-55V
吉川金属工業	YL-50V			
キスウェル	KH-500VLF			
中鋼焊材	EX55V	GL5226		
天秦銲材工業	TL-50D			

軟鋼，高張力鋼及び低温用鋼用被覆アーク溶接棒

種　　　　類	E5016	E5316	E5510-P1	E5516-G
被覆剤(フラックス)の系統	低水素系	低水素系	高セルロース系	低水素系
溶　接　姿　勢	全姿勢用	全姿勢用	全姿勢用	全姿勢用
神戸製鋼			KOBE-8010S	LB-57 LB-76 NB-1(AP)
東海溶業				HT-1
鳥谷溶接研究所				LH-55
ニツコー熔材工業				LS-55 LS-55A
日鉄溶接工業				ST-16Cr
リンカーンエレクトリック			Pipeliner 8P+ Shield-Arc 70+	Pipeliner LH-D80 （下進）
キスウェル				KK-55
現代綜合金属				S-8016.G
世亞エサブ				HT65G(R)

種　　　　類	E5518-G	E5716	E5716-U	E5716-G
被覆剤(フラックス)の系統	鉄粉低水素系	低水素系	低水素系	低水素系
溶　接　姿　勢	全姿勢用	全姿勢用	全姿勢用	全姿勢用
ツルヤ工場			LT-600	
新日本溶業		LH-55 LM-60		
日鉄溶接工業			L-53 L-55M	L-60S CT-60N
リンカーンエレクトリック	Pipeliner 18P			
現代綜合金属	S-8018.G	S-9016.G		
廣泰金属日本	KL-818			
中鋼焊材		GL55 GL60		

種　　　　類	E57J16-N1M1U	E5728	E59J16-G	E5916-N1M1
被覆剤(フラックス)の系統	低水素系	鉄粉低水素系	低水素系	低水素系
溶　接　姿　勢	全姿勢用	下向・水平すみ肉用	全姿勢用	全姿勢用
ツルヤ工場		LT-53X		
日鉄溶接工業	L-60・PX			L-60W

種　　　　類	E5916-N1M1U	E5918-N1M1	E59J18-G	E6210-G
被覆剤(フラックス)の系統	低水素系	鉄粉低水素系	鉄粉低水素系	高セルロース系
溶　接　姿　勢	全姿勢用	-	-	全姿勢用
日鉄溶接工業	L-60 L-62S			
リンカーンエレクトリック				Shield-Arc 90

種　　　　　　類	E5916-N1M1U	E5918-N1M1	E59J18-G	E6210-G
被覆剤(フラックス)の系統	低水素系	鉄粉低水素系	鉄粉低水素系	高セルロース系
溶　接　姿　勢	全姿勢用	－	－	全姿勢用
廣泰金屬日本		KL-918	KL-918N	

種　　　　　　類	E6216	E6216-G	E6218	E6916
被覆剤(フラックス)の系統	低水素系	低水素系	鉄粉低水素系	低水素系
溶　接　姿　勢	全姿勢用	全姿勢用	全姿勢用	全姿勢用
神戸製鋼	LB-62(N1M1U) LB-62U(N1M1U) LB-62UL(N1M1U) LB-M62(N1M1U)		LB-62D(N1M1U)	LB-106(N3CM1U)
四国溶材	シコクロードSL-60 (3M2U)			
特殊電極	LF-60(N1M1)			LF-70(N3CM1U)
鳥谷溶接研究所	LH-60(N1M1U)			LH-106(N3CM1U)
ニツコー熔材工業	LS-60(N1M1U)			LS-70(N3CM1U)
日鉄溶接工業	L-62CF(N1M1)	L-60LT L-62		L-70(N4M3U)
リンカーンエレクトリック		Pipeliner LH-D90 (下進)	Conarc 60G(N3M1) Conarc 70G(G) Excalibur 9018-B3MR (N3M1)	
キスウェル		KK-60		
現代綜合金屬				S-10016.G(N4CM1U)
世亞エサブ		HT-75G(R)		

種　　　　　　類	E6916-G	E6918	E6918-G	E7616-G
被覆剤(フラックス)の系統	低水素系	鉄粉低水素系	鉄粉低水素系	低水素系
溶　接　姿　勢	全姿勢用	全姿勢用	－	全姿勢用
日鉄溶接工業	L-74S			
リンカーンエレクトリック	Pipeliner LH-D100 (下進)		Pipeliner 19P	
キスウェル	KK-70(N4M3U)	K-10018M(N3M2)		KK-80
廣泰金屬日本		KL-108M(N3M2)	KL-108	
世亞エサブ	HT-80G(R)			
中鋼焊材	GL70(N4M3) GL70(G)	GL108M(N3M2)	GL108M1	

種　　　　　　類	E7618	E7816	E8316	E8318
被覆剤(フラックス)の系統	鉄粉低水素系	低水素系	低水素系	鉄粉低水素系
溶　接　姿　勢	全姿勢用	全姿勢用	全姿勢用	全姿勢用
神戸製鋼		LB-80EM(G) LB-80UL(N4CM2U)		

軟鋼，高張力鋼及び低温用鋼用被覆アーク溶接棒

種　　　　　　類	E7618	E7816	E8316	E8318
被覆剤(フラックス)の系統	鉄粉低水素系	低水素系	低水素系	鉄粉低水素系
溶　接　姿　勢	全姿勢用	全姿勢用	全姿勢用	全姿勢用
神戸製鋼		LB-116(N4CM2U)		
特殊電極		LF-80(N4CM2U)		
鳥谷溶接研究所		LH-116(N4CM2U)		
ニツコー熔材工業		LS-80(N4CM2U)		
日鉄溶接工業		L-80R(N4CM2)		
		L-80(N5CM3U)		
		L-80SN(N9M3U)		
リンカーンエレクトリック	Conarc 80(N4M2)			Conarc 85(G)
				Pipeliner 20P(G)
廣泰金属日本	KL-118(N4M2)			KL-128(N4C2M2)
世亞エサブ				
中鋼焊材	GL118M(N4M2)	GL80(N4CM2)		GL100(N4C2M2)
				GL128M(N4C2M2)

種　　　　　　類	E7014(AWS)	E7018(AWS)	E9018M(AWS)	E10018M(AWS)
被覆剤(フラックス)の系統	-	-	-	-
溶　接　姿　勢	-	-	-	-
現代綜合金属	S-7014.F	S-7018G	S-9018.M	
廣泰金属日本	KL-514	KL-508		KL-108M
世亞エサブ		SM-7018	HT-65	HT-75

種　　　　　　類	E11016-G(AWS)	E11018M(AWS)	E12018M(AWS)
被覆剤(フラックス)の系統	-	-	-
溶　接　姿　勢	-	-	-
現代綜合金属	S-11016.G	S-11018.M	
廣泰金属日本		KL-118M	
世亞エサブ		HT-80	HT-100

高張力鋼用被覆アーク溶接棒

JIS Z 3212:2000

種　　　　　類	D5016	D5316	D5816
被覆剤(フラックス)の系統	低水素系	低水素系	低水素系
溶　接　姿　勢	全姿勢用	全姿勢用	全姿勢用
特殊溶接棒	HS-55	HS-53	HS-58

低温用鋼用被覆アーク溶接棒

JIS Z 3211:2008

種　　　　　類	E4918	E4916	E5516	E5518
被覆剤(フラックス)の系統	鉄粉低水素系	低水素系	低水素系	鉄粉低水素系
衝撃試験の温度(℃)	-30	-40	-40	-40
四国溶材		シコクロードSLT-1 (N3APL) シコクロードSLT-1V (N3APL)		
リンカーンエレクトリック	Baso G Conarc 49C	Conarc 51		
現代綜合金属			S-8016.C3(N2)	S-8018.C3(N2)
廣泰金属日本	KL-508	KL-516	KN-816C3(N2)	KN-818C3(N2)
世亞エサブ				SL-88C3(N2AP)
中鋼焊材			GL86C3(N2)	GL88C3(N2)

種　　　　　類	E5716	E6216	E6218	E4916
被覆剤(フラックス)の系統	低水素系	低水素系	鉄粉低水素系	低水素系
衝撃試験の温度(℃)	-40	-40	-40	-45
神戸製鋼		LB-62N(N4M1L)		
リンカーンエレクトリック			Conarc 60G Conarc 70G(G) Conarc 80 (AWS E11018) Conarc 85 (AWS E12018)	
キスウェル				KK-50N(G)

種　　　　　類	E4918	E4918	E5516	E5518
被覆剤(フラックス)の系統	鉄粉低水素系	鉄粉低水素系	低水素系	鉄粉低水素系
衝撃試験の温度(℃)	-45	-50	-50	-50
ツルヤ工場			T-1(N3AP) T-1V(N3AP)	
日鉄溶接工業			N-11(3N3APL)	
リンカーンエレクトリック		Excalibur 8018C1 MR Kryo 1(G)	Kryo 1N(G)	Kryo 1-180(G) Kryo 1P(G) Kryo 2(AWS 9018)(G)
キスウェル	K-7018G			K-8016C1

軟鋼，高張力鋼及び低温用鋼用被覆アーク溶接棒

種　　　類	E4918	E4918	E5516	E5518
被覆剤(フラックス)の系統	鉄粉低水素系	鉄粉低水素系	低水素系	鉄粉低水素系
衝撃試験の温度(℃)	-45	-50	-50	-50
廣泰金屬日本	KL-508-1		KN-816G(N3)	KN-816C1
天泰銲材工業	TL-581 TLH-581			

種　　　類	E4916	E4928-GAP	E4948-GAP	E5516
被覆剤(フラックス)の系統	低水素系	低水素系	低水素系	低水素系
衝撃試験の温度(℃)	-60	-60	-60	-60
神戸製鋼	LB-52NS(N1APL)			NB-1SJ(3N3APL) NB-2(N5APL)
ニツコー熔材工業				LN-15(GAP) LN-25(N5APL)
日鉄溶接工業	L-55SN(N1APL)	N-5F (下向・水平すみ肉用)		N-12(N5APL)
キスウェル	KK-50NN(G)			K-8016C1
現代綜合金属	S-7016.LS(N1APL)			S-8016.C1(N5APL)
廣泰金屬日本				KN-816C1(N5)
中鋼焊材				GL86-C1(N5APL)

種　　　類	E5518	E6216	E4916	E5516
被覆剤(フラックス)の系統	鉄粉低水素系	低水素系	低水素系	低水素系
衝撃試験の温度(℃)	-60	-60	-75	-75
神戸製鋼		LB-62L(N5M1L)		
日鉄溶接工業				N-13(N7L)
リンカーンエレクトリック	Kryo 3(N5)		Kryo 4(N7)	
キスウェル	K-8018C1(N5)			K-8016C2(N7P)
現代綜合金属	S-8018.C1(N5APL)			S-8016.C2(N7APL)
廣泰金屬日本	KN-818C1(N5)			KN-816C2(N7)
世亞エサブ	SL-88C1(N5AP)			
中鋼焊材	GL88C1(N5)			GL86-C2(N7)

軟鋼，高張力鋼及び低温用鋼用被覆アーク溶接棒

JIS Z 3211:2008

種　　　　　類	E5518	E7816	E5916	E4916
被覆剤(フラックス)の系統	鉄粉低水素系	低水素系	低水素系	低水素系
衝撃試験の温度(℃)	−75	−80	−100	−100
神戸製鋼		LB−88LT(N5M4L)		
四国溶材			シコクロードSLT−25N (N5M1AP)	
ツルヤ工場			T−2(N5M1AP) T−2V(N5M1AP)	
日鉄溶接工業				N−13NM(N7PUL)
廣泰金属日本	KN−818C2(N7)			
世亞エサブ				HT−100
中鋼焊材	GL88C2(N7)			

種　　　　　類	E5516-N13APL	E4916	E4918-G
被覆剤(フラックス)の系統	低水素系	低水素系	鉄粉低水素系
衝撃試験の温度(℃)	−100	−105	−
神戸製鋼		NB−3N(N7PL) NB−3J(N7AL)	
日鉄溶接工業	N−16		
廣泰金属日本			KN−718G

耐候性鋼用被覆アーク溶接棒

JIS Z 3214:2012

種　　　　類	E4903-CC A	E4903-NC A	E4903-NC A U	E49J03-NCC A U
被覆剤(フラックス)の系統	ライムチタニヤ系	ライムチタニヤ系	ライムチタニヤ系	ライムチタニヤ系
溶　接　姿　勢	全姿勢用	全姿勢用	全姿勢用	全姿勢用
神戸製鋼	TB-W52B	TB-W52		
日鉄溶接工業			CT-03Cr2	CT-03Cr

種　　　　類	E4916-NC A U	E4916-NCC A U	E4916-NCC2 U	E49J16-NCC A U
被覆剤(フラックス)の系統	低水素系	低水素系	低水素系	低水素系
溶　接　姿　勢	全姿勢用	全姿勢用	全姿勢用	全姿勢用
神戸製鋼	LB-W52			LB-W52B
ニツコー熔材工業	LAC-51B			
日鉄溶接工業	CT-16Cr2			CT-16Cr
現代綜合金属	S-7018.W			
中鋼焊材			GL78W1	

種　　　　類	E49J16-NCC A U	E5716-NCC A U	E5716-NCC1 A U	E5716-NCC1 U
被覆剤(フラックス)の系統	低水素系	低水素系	低水素系	低水素系
溶　接　姿　勢	全姿勢用	全姿勢用	全姿勢用	全姿勢用
キスウェル			KW-50G	
現代綜合金属		S-8018.W		
中鋼焊材				GL88W2

種　　　　類	E57J16-NCC1 A U
被覆剤(フラックス)の系統	低水素系
溶　接　姿　勢	全姿勢用
神戸製鋼	LB-W62G
日鉄溶接工業	CT-60Cr
キスウェル	KW-60G

種　　　　類	その他		
被覆剤(フラックス)の系統	低水素系	低水素系	鉄粉低水素系
溶　接　姿　勢	全姿勢用	立向下進用	下向・水平すみ肉用
神戸製鋼	LB-50WT		
	LB-60WT		
	LB-W52CL		
	LB-W52CLB		
	LB-W62CL		

耐候性鋼用被覆アーク溶接棒

種　　　　　類	その他		
被覆剤(フラックス)の系統	低水素系	低水素系	鉄粉低水素系
溶　接　姿　勢	全姿勢用	立向下進用	下向・水平すみ肉用
神戸製鋼	LB-W62CLB		
特殊電極	TM-50CR		

JIS Z 3214:1999

種　　　　　類	DA5003G	DA5016G	DA5816W	その他
被覆剤(フラックス)の系統	ライムチタニヤ系	低水素系	低水素系	―
溶　接　姿　勢	全姿勢用	全姿勢用	全姿勢用	―
四国溶材	シコクロードSR-50S	シコクロードSL-50S		
リンカーンエレクトリック				Conarc 55CT
キスウェル			KW-60G	
ツルヤ工場	RT-50	LTW-50		
廣泰金属日本	KAC-03G	KAC-516G	KAC-818W	

モリブデン鋼及びクロムモリブデン鋼用被覆アーク溶接棒

種　　　　類	E4916	E4918	E5515	E5516
被覆剤(フラックス)の系統	低水素系	鉄粉低水素系	低水素系	低水素系
溶着金属の化学成分(%)	0.5Mo	0.5Mo	5Cr-0.5Mo	0.5Cr-0.5Mo
神戸製鋼	CM-A76(1M3) CM-B76(1M3)			
ツルヤ工場	TCM-5(1M3)			
東海溶業	TMC-76(1M3)			
特殊電極	TM-85(1M3)			
特殊溶接棒	HS-716			
鳥谷溶接研究所	HT-76(1M3(A1))			
ニツコー熔材工業	LA-5(1M3)			
リンカーンエレクトリック		Excalibur 7018-A1 　MR(1M3) GRITHERM 3(H4)(1M3) SL12G(1M3)		
METRODE (リンカーンエレクトリック)			Chromet 5(5CM)	
廣泰金属日本	KL-716A1(1M3)	KL-718A1(1M3)		KL-816B1(CM)
中鋼焊材	GL76A1(1M3)	GL78A1(1M3)		GL86B1(CM)

種　　　　類	E5516			E5518	
被覆剤(フラックス)の系統	低水素系			鉄粉低水素系	
溶着金属の化学成分(%)	1.25Cr-0.5Mo	5Cr-0.5Mo	9Cr-1Mo	0.5Cr-0.5Mo	1Cr-0.5Mo
神戸製鋼	CM-A96(1CM) CM-B96(1CM) CM-A96MB(1CM)	CM-5(5CM)			
ツルヤ工場	TCM-15(1CM)				
東海溶業	TMC-95(1CM)				
特殊電極	MOC-1(1CM)				
特殊溶接棒	HS-816				
鳥谷溶接研究所	HT-86(1CM(B2))	HT-502(5CM)			
ニツコー熔材工業	LA-15(1CM)	LA-502(5CM)			
リンカーンエレクトリック		GRITHERM 4(1CM)		SL22G(CM)	Excalibur 8018- 　B2 MR(1CM) Excalibur 8018- 　B2 XF MR(1CM) GRITHERM 5 　(H4)(1CM) SL19G(1CM)
METRODE (リンカーンエレクトリック)					Chromet 1(1CM)
キスウェル	K-8016B$_2$(1CM(B$_2$))	K-8016B6	K-8016B8		
廣泰金属日本	KL-816B2(1CM)	KL-816B6	KL-816B8	KL-818B1	KL-818B2
中鋼焊材	GL86B2(1CM)	GL86B6(5CM)	GL86B8(9C1M)	GL88B1(CM)	

モリブデン鋼及びクロムモリブデン鋼用被覆アーク溶接棒

JIS Z 3223:2010

種類	E5518			E6216
被覆剤(フラックス)の系統	鉄粉低水素系			低水素系
溶着金属の化学成分(%)	1.25Cr-0.5Mo	5Cr-0.5Mo	9Cr-1Mo	2.25Cr-1Mo
神戸製鋼	CM-B98(1CM)			CM-A106(2C1M) CM-A106N(2C1M)
ツルヤ工場				TCM-21(2C1M)
東海溶業				TMC-96(2C1M)
特殊溶接棒				HS-916
鳥谷溶接研究所				HT-96(2C1M(B3))
ニツコー熔材工業				LA-25(2C1M)
リンカーンエレクトリック		SL502(5CM)		
Böhler Welding	Böhler Fox DCMS Kb	Böhler Fox CM5kb		
キスウェル				K-9016B$_3$(2C1M(B$_3$))
廣泰金属日本	KL-818B2	KL-818B6	KL-818B8	KL-916B3
中鋼焊材	GL88B2(1CM)	GL88B6(5CM)	GL88B8(9C1M)	GL96B3(2C1M)

種類	E6216	E6218		その他
被覆剤(フラックス)の系統	低水素系	鉄粉低水素系		-
溶着金属の化学成分(%)	9Cr-1Mo	2.25Cr-1Mo	9Cr-1Mo	-
神戸製鋼	CM-9(9C1M)	CM-B108(2C1M)		CM-A106H (E6216-2C1MV) CM-B95 (E5215-1CML)
ツルヤ工場	TCM-91(9C1M)			
特殊電極				MOCN-23 (1.5Ni-0.5Cr-0.2Mo)
鳥谷溶接研究所	HT-505(9C1M)			
MAGNA				マグナ305 (E6218, E6918, E8318) マグナ490 (E8313, ENiCrMo)
Böhler Welding		Böhler Fox CM2kb		Böhler Fox P23 Böhler Fox P24 Böhler Fox C9MV Böhler Fox P92 Böhler FoxC 9MVW Thermanit MTS 5 Col
廣泰金属日本	KL-916B8	KL-918B3	KL-918B8	KL-916B3 (E6216-2CM) KL-918B3 (E6218-2CM)
中鋼焊材		GL98B3(2C1M)		

モリブデン鋼及びクロムモリブデン鋼用被覆アーク溶接棒

AWS

種　類　（　A　W　S　）	E7010-A1	E7016-A1	E7018-A1	E8016-B1
被覆剤(フラックス)の系統	高セルロース系	低水素系	鉄粉低水素系	低水素系
溶着金属の化学成分(%)	0.5Mo	0.5Mo	0.5Mo	0.5Cr-0.5Mo
日鉄溶接工業		N-0S		
現代綜合金属	S-7010.A1	S-7016.A1	S-7018.A1	S8016.B1
METRODE (リンカーンエレクトリック)			Mo.B	
世亞エサブ	SL-70A1		SL-78A1	

種　類　（　A　W　S　）	E8016-B2	E8016-B5	E8018-B1	E8018-B2
被覆剤(フラックス)の系統	低水素系	低水素系	鉄粉低水素系	鉄粉低水素系
溶着金属の化学成分(%)	1.25Cr-0.5Mo	0.5Cr-1Mo	0.5Cr-0.5Mo	1.25Cr-0.5Mo
日鉄溶接工業	CM-1A N-1S			
現代綜合金属	S-8016.B2	S-8016.B5		S-8018.B2
世亞エサブ			SL-88B1	

種　類　（　A　W　S　）	E8015-B6	E9016-B3	E9018-B3	E9015-B9,E9016-B9
被覆剤(フラックス)の系統	低水素系	低水素系	鉄粉低水素系	低水素系
溶着金属の化学成分(%)	5Cr-0.5Mo	2.25Cr-1Mo	2.25Cr-1Mo	9Cr-1Mo-Nb,V
日鉄溶接工業		CM-2A N-2S N-2SM		
リンカーンエレクトリック			Excalibur 9018-B3 MR SL20G* GRITHERM 7(H4)	SL9Cr(P91) * 　(E9016-B9)
METRODE (リンカーンエレクトリック)			Chromet 2	Chromet 9MV-N 　(E9015-B9) Chromet 91VNB 　(E9015-B9)
現代綜合金属		S-9016.B3	S-9018.B3	
世亞エサブ				SL-95B9(E9015-B9)

種　類　（　A　W　S　）	E9015-B91,E9016-B91	E9015-B92	その他
被覆剤(フラックス)の系統	低水素系	低水素系	―
溶着金属の化学成分(%)	9Cr-1Mo-Nb,V	9Cr-Mo-Nb,V,W	―
神戸製鋼	CM-95B91(E9015-B91) CM-96B91(E9016-B91)	CM-92WD	CM-B83(E8013-G)

モリブデン鋼及びクロムモリブデン鋼用被覆アーク溶接棒

種 類 （ A W S ）	E9015-B91,E9016-B91	E9015-B92	その他
被覆剤(フラックス)の系統	低水素系	低水素系	－
溶着金属の化学成分(%)	9Cr-1Mo-Nb,V	9Cr-Mo-Nb,V,W	－
リンカーンエレクトリック			Excalibur 10018-D2 　MR(E10018-D2)
METRODE (リンカーンエレクトリック)	Chromet 9-B9 （E9015-B91）		Chromet 23L Chromet 92

＊最も近い規格
E9015-B9,E9016-B9 は廃止されています。

9%ニッケル鋼用被覆アーク溶接棒

JIS Z 3225:1999

種　　　　類	D9Ni-1	D9Ni-2	その他
溶着金属の成分系	インコネル系	ハステロイ系	‒
衝撃試験の温度(℃)	-196	-196	-196
神戸製鋼	NI-C70S	NI-C1S	
日鉄溶接工業	YAWATA WELD B (M)	NITTETSU WELD 196	
リンカーンエレクトリック	Nyloid 2 SRP NiCro 60/20	NiCrMo 60/16	
METRODE (リンカーンエレクトリック)	Nimrod 625 Nimrod 625KS	Nimrod C276 Nimrod C276KS	
Techalloy (リンカーンエレクトリック)		Tech-Rod 276	
MAGNA	8N12	アロイC	
Böhler Welding	UTP Soudonel D		UTP 7013 Mo
現代綜合金属	SR-134		SR-08

ステンレス鋼被覆アーク溶接棒

JIS Z 3221:2021
＊銘柄の後ろにある(　)内は, 左から適用溶接姿勢, 被覆剤の系統を示す。

種　　　　類	ES307	ES308	ES308H	ES308L
神戸製鋼		NC-38	NC-38H	NC-38L NC-38LT NC-38ULC
四国溶材		シコクロード SS-308(16)		シコクロード SS-308L(16)
タセト		RNY308	RNY308HT	RNY308L RNY308L₃
ツルヤ工場		NT-38(16)		NT-38L(16)
東海溶業		TS-1		TS-2
トーヨーメタル		TSE-08	TSE-08L	
特殊電極		NCF-08(16) NCF-08S(16) トクデンV-08(16)		NCF-08L(16) NCF-08LK(26) NCF-08LS(16)
特殊溶接棒		NCA-308 NCA-08V		NCA-308L NCA-08LS
鳥谷溶接研究所	KS-307(16)	KS-308(16) KS-308S(17) KS-308SS(27)	KS-308H(16)	KS-308L(16) KS-308EL(16) KS-308UL(17)
ナイス		Osten 308		Osten 308L
ニツコー熔材工業		HIT-308(16) NS-308(16) NSE-308(16) NSN-308(16)		HS-308L(26) NS-308L(16) NSE-308L(16) NSH-308L(26) NSN-308L(16)

ステンレス鋼被覆アーク溶接棒

JIS Z 3221:2021

種　　　　　類	ES307	ES308	ES308H	ES308L
日鉄溶接工業		S-308・R(16) S-308・RX(26)		S-308L・R(16)
日本ウエルディング・ロッド		WEL 308(16) WEL 308FR(16) WEL Z 308(16) WEL AZ 308(17)	WEL 308HTS(16)	WEL 308L(16) WEL 308ELC(16) WEL 308LA(16) WEL 308LK(16) WEL 308LZZ(16) WEL 308ULC(16) WEL AZ 308L(17) WEL Z 308L(16)
日本電極工業		N308(16)		
EUTECTIC		54		54L
リンカーンエレクトリック	Arosta 307 GRINOX 25 GRINOX 26 GRINOX 126 Jungo 307		Red Baron 308/308H 　MR Arosta 304H	Arosta 304L Blue Max 308/308L 　AC-DC Red Baron 308L MR Red Baron 308/308L- 　V MR GRINOX 1 GRINOX 56 GRINOX 202 GRINOX 502 Jungo 304L Limarosta 304L Vertarosta 304L
METRODE (リンカーンエレクトリック)			Ultramet 308H	Supermet 308L Ultramet 308L
MAGNA		マグナ390		マグナ393
Böhler Welding	Böhler Fox A7 Böhler Fox A7-A			Avesta 308L/MVR
キスウェル		KST-308(16)	KST-308H	KST-308L(16)
現代綜合金属		S-308.16N(16)		S-308L.16N(16) S-308LT.16N(16)
廣泰金属日本	KS-307(16)	KS-308(16)	KS-308H(16)	KS-308L(16) KS-308LT(16) KS-308EL(16)
世亞エサブ		SMP-E308(16)	SMP-E308H(16)	SMP-E308L(16)
中鋼焊材	G307 G307M(26)	G308 G308M(26)	G308H	G308L(15)
天泰銲材工業	TS-307(16)	TS-308(16)	TS-308H(16)	TS-308L(16)

種　　　　　類	ES308N2	ES308Mo	ES308MoJ	ES308LMo
タセト	RNY308N2			

ステンレス鋼被覆アーク溶接棒

JIS Z 3221:2021

種　　　　　類	ES308N2	ES308Mo	ES308MoJ	ES308LMo
日鉄溶接工業	S-308N2・R(16)			
日本ウエルディング・ロッド	WEL 308N2(16)			
リンカーンエレクトリック				GRINOX 54 Nichroma
Böhler Welding		Böhler Fox CN i9/9M		

種　　　　　類	ES309	ES309L	ES309Mo	ES309LMo
神戸製鋼	NC-39	NC-39L		NC-39MoL
四国溶材	シコクロード SS-309 (16)	シコクロード SS-309L (16)	シコクロード SS-309 Mo(16)	シコクロード SS-309 MoL(16)
タセト	RNY309	RNY309L	RNY309Mo	RNY309MoL
ツルヤ工場	NT-39(16)	NT-39L(16)	NT-39Mo(16)	NT-39MoL(16)
東海溶業	TS-3	TS-3L	TS-3M	
トーヨーメタル	TSE-09	TSE-09L	TSE-09Mo	
特殊電極	NCF-09(16) NCF-09S(16) トクデンV-09(16)	NCF-09L(16) NCF-09LK(26) NCF-09LS(16)	NCF-09Mo(16)	NCF-09MoL(16)
特殊溶接棒	NCA-309 NCA-09S NCA-09V	NCA-309L	NCA-309Mo NCA-09MoV	NCA-309MoL
鳥谷溶接研究所	KS-309(16) KS-309S(17) KS-309SS(27)	KS-309L(16)	KS-309Mo(16)	KS-309MoL(16)
ナイス	Osten 309	Osten 309L	Osten 309Mo	Osten 309MoL
ニツコー熔材工業	HIT-309(16) NS-309(16) NSE-309(16) NSN-309(16)	HS-309L(26) NS-309L(16) NSH-309L(26) NSN-309L(16)	NS-309Mo(16) NSN-309Mo(16)	NS-309MoL(16) NSN-309MoL(16)
日鉄溶接工業	S-309・R(16) S-309・RX(26)	S-309L・R(16)	S-309M・R(16)	S-309ML・R(16)
日本ウエルディング・ロッド	WEL 309(16) WEL 309K(16) WEL Z 309(16) WEL AZ 309(17) WEL 309ZZ(16)	WEL 309L(16) WEL 309LK(16) WEL 309LB(16) WEL Z 309L(16) WEL AZ 309L(17) WEL 309LZZ(16)	WEL 309Mo(16) WEL Z 309Mo(16)	WEL 309MoL(16) WEL Z 309MoL(16) WEL AZ 309MoL(17)
日本電極工業		N309L(16)		
リンカーンエレクトリック	GRITHERM 44	Arosta 309S Blue Max 309/309L 　AC-DC GRINOX 73 Jungo 309L Limarosta 309S	GRINOX 153 Nichroma 160	Arosta 309Mo GRINOX 53

ステンレス鋼被覆アーク溶接棒

JIS Z 3221:2021

種類	ES309	ES309L	ES309Mo	ES309LMo
リンカーンエレクトリック		Red Baron 309/309L MR Red Baron 309/309L-V MR		
METRODE（リンカーンエレクトリック）		Supermet 309L Ultramet 309L	Supermet 309Mo Ultramet B309Mo	
MAGNA		マグナ390		マグナ393
Böhler Welding		Avesta 309L	Avesta P5	Avesta P5
キスウェル	KST-309(16)	KST-309L(16)	KST-309Mo(16)	KST-309MoL(16)
現代綜合金属	S-309.16N(16)	S-309L.16(16)	S-309Mo.16(16)	S-309MoL.16(16)
廣泰金属日本	KS-309(16)	KS-309L(16)	KS-309Mo(16)	KS-309MoL(16)
世亞エサブ	SMP-E309(16)	SMP-E309L(16)	SMP-E309Mo(16)	SMP-E309MoL(16)
中鋼焊材	G309	G309L	G309Mo	G309MoL
天秦銲材工業	TS-309(16)	TS-309L(16)		TS-309LMo(16)

種類	ES309Nb	ES309LNb	ES310	ES310H
神戸製鋼			NC-30	
四国溶材			シコクロード SS-310(16)	
タセト			RNY310	
ツルヤ工場			NT-30(16)	
東海溶業	TS-3Nb		TS-4	
トーヨーメタル			TSE-10	
特殊電極			NCF-10(16)	
特殊溶接棒	NCA-309Nb		NCA-310	
鳥谷溶接研究所	KS-309Nb(16)		KS-310(16)	KS-HK(16)
ナイス			Osten 310	
ニツコー熔材工業			NS-310(16) NSE-310(16) NSN-310(16)	NS-310HC(16)
日鉄溶接工業			S-310・R(16)	
日本ウエルディング・ロッド	WEL 309Nb(16)		WEL 310(16) WEL Z 310(16)	WEL EHK-40K1A(16)
リンカーンエレクトリック	Arosta 309Nb		GRITHERM 46 GRITHERM 47 Intherma 310 Intherma 310B Red Baron 310 MR	
METRODE（リンカーンエレクトリック）	Ultramet 309Nb		Ultramet B310Mn	Thermet 310H
Böhler Welding	Böhler Fox CN 24/13 NB		Böhler Fox FFB Böhler Fox FFB-A	
キスウェル	KST-309Nb(16)		KST-310(16)	
現代綜合金属			S-310.15(15) S-310.16(16)	

ステンレス鋼被覆アーク溶接棒

種　　　類	ES309Nb	ES309LNb	ES310	ES310H
廣泰金属日本			KS-310(16)	KS-310HC(16)
世亞エサブ	SMP-E309Cb(16)		SMP-E310(16)	
中鋼焊材			G310	
天泰銲材工業			TS-310(16)	

種　　　類	ES310Mo	ES310Nb	ES312	ES316
神戸製鋼			NC-32	NC-36
四国溶材				シコクロード SS-316(16)
タセト				RNY316
ツルヤ工場				NT-36(16)
東海溶業	TS-4M		TS-12	TS-5
トーヨーメタル		TSE-310Cb	TSE-12	
特殊電極	NCF-10Mo(16)		NCF-12(16)	NCF-16(16) NCF-16S(16) トクデンV-16(16)
特殊溶接棒	NCA-310Mo		NCA-312 NCA-12S	NCA-316 NCA-16V
鳥谷溶接研究所	KS-310Mo(16)		KS-312(16) KS-312S(17) KS-312SS(27)	KS-316(16)
ナイス				Osten 316
ニツコー熔材工業	NS-310Mo(16)		NS-312(16) NSN-312(16)	HIT-316(16) NS-316(16) NSE-316(16) NSN-316(16)
日鉄溶接工業				S-316・R(16)
日本ウエルディング・ロッド	WEL 310Mo(16)	WEL 310Nb(16)	WEL 312(16)	WEL 316(16) WEL 316FR(16) WEL AZ 316(17) WEL Z 316(16)
EUTECTIC				53
リンカーンエレクトリック	GRINOX 67 Jungo 4465		GRINOX 29 GRINOX 592 Limarosta 312	
MAGNA				マグナ711
Böhler Welding	Böhler Fox EASN 25 M-A		Avesta P7 AC/DC	
キスウェル			KST-312(16)	KST-316(16)
現代綜合金属			S-312.16(16)	S-316.16N(16)
廣泰金属日本	KS-310Mo(16)		KS-312(16) KS-312BLUE(16)	KS-316(16)
世亞エサブ	SMP-E310Mo(16)		SMP-E312(16)	SMP-E316(16)
中鋼焊材	G310Mo		G312	G316M(26)
天泰銲材工業			TS-312(16)	TS-316(16)

ステンレス鋼被覆アーク溶接棒

JIS Z 3221:2021

種　　　　類	ES316H	ES316L	ES316LCu	ES317
神戸製鋼		NC-36L NC-36LT NC-36ULC		
四国溶材		シコクロード SS-316L(16)		
タセト		RNY316L₃ RNY316L		
ツルヤ工場		NT-36L(16)	NT-36CuL(16)	
東海溶業		TS-6		
トーヨーメタル		TSE-16L	TSE-16CuL	
特殊電極		NCF-16L(16) NCF-16LK(26) NCF-16LL(16) NCF-16LS(16)	NCF-16CuL(16)	
特殊溶接棒		NCA-316L NCA-16LS	NCA-316GuL	NCA-317
鳥谷溶接研究所		KS-316L(16) KS-316EL(16) KS-316UL(17)	KS-316CuL(16)	KS-317(16)
ナイス		Osten 316L		
ニツコー熔材工業		NS-316L(16) NSN-316L(16) NSE-316L(16) HS-316L(26) NS-316UL(16)		
日鉄溶接工業		S-316L・R(16)	S-316CL・R(16)	
日本ウエルディング・ロッド		WEL 316L(16) WEL 316ELC(16) WEL 316ULC(16) WEL 316LA(16) WEL 316LK(16) WEL 316LC(16) WEL AZ 316L(17) WEL Z 316L(16)	WEL 316CuL(16)	
EUTECTIC		53L		
リンカーンエレクトリック		Arosta 316L Arosta 316LP Blue Max 316/316L 　AC-DC GRINOX 9 GRINOX 57 GRINOX 210 GRINOX 510 Jungo 316L Limarosta 316-130 Limarosta 316L		

ステンレス鋼被覆アーク溶接棒

JIS Z 3221:2021

種　　　　類	ES316H	ES316L	ES316LCu	ES317
リンカーンエレクトリック		Red Baron 316/316L MR Red Baron 316/316L-V MR Vertarosta 316L		
METRODE (リンカーンエレクトリック)	Ultramet 316H	Supermet 316L Ultramet 316L Ultramet 316LCF Ultramet B316LCF		
MAGNA	マグナ711	マグナ711	マグナ711	マグナ711
Böhler Welding		Avesta 316L/SKR		
キスウェル		KST-316L(16)		KST-317(16)
現代綜合金属		S-316L.16N(16) S-316.LT.16(16)		
廣泰金属日本		KS-316L(16) KS-316ULC(16)		KS-317(16)
世亞エサブ		SMP-E316L(16)		
中鋼焊材	G316H	G316L		G317
天泰銲材工業		TS-316L(16)		

種　　　　類	ES317L	ES318	ES320	ES320LR
神戸製鋼	NC-317L	NC-318		
タセト	RNY317L RNY317L₃			
特殊電極	NCF-17L(16)		NCF-20Cb3(16)	
特殊溶接棒	NCA-317L	NCA-318		
鳥谷溶接研究所	KS-317L(16) KS-317EL(17)	KS-318(16)		KS-320LR(16)
ニツコー熔材工業	NS-317L(16) NSN-317L(16)	NS-318(16)		NS-20CbL(16)
日鉄溶接工業	S-317L・R(16)			
日本ウエルディング・ロッド	WEL 317L(16) WEL 317ELC(16) WEL AZ 317L(17) WEL Z 317L(16)	WEL 318(16)		WEL 320LR(16)
リンカーンエレクトリック		Arosta 318 GRINOX 513 GRINOX 514 Jungo 318		
METRODE (リンカーンエレクトリック)		Supermet 318		
MAGNA	マグナ711			

ステンレス鋼被覆アーク溶接棒

JIS Z 3221:2021

種　　　　　　　類	ES317L	ES318	ES320	ES320LR
Böhler Welding	Avesta 317L/SNR	Böhler Fox SAS 4 Böhler Fox SAS 4-A		
キスウェル	KST-317L(16)	KST-318(16)		
現代綜合金属	S-317L.16(16)			
廣泰金属日本	KS-317L(16)	KS-318(16)		
世亞エサブ	SMP-E317L(16)			
中鋼焊材	G317L			
天秦銲材工業	TS-317L(16)			

種　　　　　　　類	ES329J1	ES329J4L	ES330	ES347
神戸製鋼		NC-2594		NC-37
タセト		RNY329J4L	RNY330	RNY347 RNY347HT
ツルヤ工場				NT-38Cb(16)
東海溶業				TS-47
特殊電極	NCF-329(16)	NCF-329J4L(16)		NCF-47(16)
特殊溶接棒				NCA-347
鳥谷溶接研究所		KS-329J4L(16)	KS-330(16)	KS-347(16)
ニツコ一熔材工業	NS-329(16)	NS-2594CW(16) (NS-329W(16))		NS-347(16) NSN-347(16)
日鉄溶接工業		S-DP3(16)	S-330・R(16)	S-347・R(16)
日本ウエルディング・ロッド	WEL 25-5(16)	WEL 329J4L(16)	WEL 330(16)	WEL 347(16) WEL 347H(16)
リンカーンエレクトリック	Arosta 329			Arosta 347 GRINOX 506 GRINOX 507 Jungo 347
METRODE (リンカーンエレクトリック)			Thermet R17.38H	
MAGNA	マグナ395	マグナ395		
Böhler Welding				Avesta 347/MVNb
キスウェル				KST-347(16)
現代綜合金属				S-347.16(16)
廣泰金属日本				KS-347(16)
世亞エサブ				SMP-E347(16)
中鋼焊材				G347
天秦銲材工業				TS-347(16)

種　　　　　　　類	ES347L	ES349	ES383	ES385
神戸製鋼	NC-37L			
タセト	RNY347L			
特殊電極	NCF-47L(16)			
特殊溶接棒	NCA-347L			

ステンレス鋼被覆アーク溶接棒

JIS Z 3221:2021

種　　　類	ES347L	ES349	ES383	ES385
鳥谷溶接研究所	KS-347L(16)			
日鉄溶接工業	S-347L・R(16)			
日本ウエルディング・ロッド	WEL 347L(16) WEL 347LF(16)			WEL 904L(16)
リンカーンエレクトリック			NiCro 31/27	Jungo 4500 GRINOX 65
Böhler Welding				Avesta 904L
キスウェル	KST-347L(16)			
中鋼焊材	G347L			

種　　　類	ES409Nb	ES410	ES410Nb	ES410NiMo
神戸製鋼	CR-40Cb	CR-40		CR-410NM
タセト		RNY410		
ツルヤ工場	NT-41Cb(16)	NT-41(16)		
東海溶業	TS-41B	TS-41		
特殊電極	NCF-41Cb(16)	NCF-41(16)		CX-2RM2-5
特殊溶接棒		NCA-410	NCA-410Nb	
鳥谷溶接研究所	KS-410Nb(16)	KS-410(16)		KS-410NiMo(16)
ナイス		Osten 410		NS-410NiMo(16)
ニツコー熔材工業	NS-410Cb(16)	NS-410(16)		NS-410NiMo(16)
日鉄溶接工業	S-410Nb(16)			
日本ウエルディング・ロッド		WEL 410(16)		WEL 410NiMo(16)
METRODE		13.RMP		13.4.Mo.L.R
(リンカーンエレクトリック)		13.1.BMP		
Böhler Welding		Böhler Fox KW 10		Böhler Fox CN 13/4
キスウェル		KST-410(16)		KST-410NiMo(16)
廣泰金屬日本		KS-410(16)		KS-410NiMo(16)
世亞エサブ		SMP-E410(16)		
中鋼焊材		G410		
天秦銲材工業				TS-410NM(16)

種　　　類	ES430	ES430Nb	ES630	ES16-8-2
神戸製鋼	CR-43	CR-43Cb	NC-630	
タセト	RNY430		RNY630	RNY16-8-2
ツルヤ工場	NT-43(16)	NT-43Cb(16)	NT-174(16)	
特殊電極		NCF-43Cb(16)	NCF-63(16)	
特殊溶接棒			NCA-630	NCA-1682
鳥谷溶接研究所	KS-430(16)	KS-430Nb(16)	KS-630(16) KS-630S(16)	KS-1682(16)
ニツコー熔材工業	NS-430(16)		NS-630(16)	NS-1682(16)
日鉄溶接工業		S-430Nb(16)		
日本ウエルディング・ロッド	WEL 430(16)		WEL 630(16)	WEL 16-8-2(15) WEL 16-8-2(16)

JIS Z 3221:2021

種　　　　　類	ES430	ES430Nb	ES630	ES16-8-2
METRODE (リンカーンエレクトリック)				Supermet 16.8.2
Böhler Welding			Böhler Fox CN 17/4 PH	
キスウェル	KST-430(16)			

種　　　　　類	ES2209	ES2553	ES2593	20Niステンレス
神戸製鋼	NC-2209			
タセト	RNY329J3L			
鳥谷溶接研究所	KS-329J3L(16)	KS-2553(16)		
ニツコー熔材工業	NS-2209(16)			
日鉄溶接工業	S-DP8(16)			
日本ウエルディング・ロッド	WEL 329J3L(16)			WEL 310NiMo
リンカーンエレクトリック	Arosta 4462			
	GRINOX 33			
	GRINOX 62			
	Jungo 4462			
METRODE (リンカーンエレクトリック)	2205XKS			
	Ultramet 2205			
	Ultrametn2205AR			
MAGNA	マグナ395			
Böhler Welding	Avesta 2209		Avesta 2507/P100	
キスウェル	KST-2209(16)			
現代綜合金属	S-2209.16(16)			
廣泰金属日本	KS-2209(16)	KS-2553(16)	KS-2594	
中鋼焊材	G2209			
天秦銲材工業	TS-2209(16)			

種　　　　　類	30Niステンレス	高Moステンレス	高炭素耐熱ステンレス	その他
神戸製鋼				CR-134
				CR-43CbS
				NC-316MF
				NC-329M
タセト			RNYHH	RNY2595
			RNYHK	
東海溶業			TS-HP	TS-800
特殊電極			NCF-HH	NCF-09MN
			NCF-HI	NCF-11
			NCF-HK	NCF-19
			NCF-HP	NCF-D1
			HC-2520	CX-2RM2-4
			NIH-22	CX-2RMO-4
			WST-55	
特殊溶接棒			TH-HH	NCA-309MN

ステンレス鋼被覆アーク溶接棒

JIS Z 3221:2021

種　　　類	30Niステンレス	高Moステンレス	高炭素耐熱ステンレス	その他
特殊溶接棒			TH-HK TH-HP	
鳥谷溶接研究所			KS-HH(16) KS-HK(16) KS-HP(16)	KS-308MN(16) KS-309MN(16) KS-NA22H(16) KS-155(16)
ナイス			Hialoy3-HP-5	Hialoy380
ニツコー熔材工業			NS-309HC(16)	NS-309MN(16) NS-190(16)
日鉄溶接工業				S-2120・R S-170 　(25Cr-13Ni-1Mo) S-260・R 　(20Cr-15Ni-4Mo) S-304N・R 　(高N-18Cr-18Ni) S-316LN・R S-347AP・R S-40K 　(高N-25Cr-12Ni-2Si) S-DP3W 　(高N-25Cr-9Ni-3Mo-2W)
日本ウエルディング・ロッド	WEL 144ML(16) WEL 25M(16) WEL 4439M(16)	WEL 22H(16) WEL HH-30(16) WEL HM-40(16) WEL HS(16) WEL MR-1(16)	WEL AH-4(16) WEL HR3C(15) WEL KM-1(16) WEL 13-4(16) WEL 13NiMo(16) WEL 2RM2(16) WEL 410H(16) WEL 308LN(16) WEL 316CS(16) WEL 316LN(16) WEL 317LN(16) WEL NCM-ZW(16) WEL SN-1(16) WEL SN-5(16)	
リンカーンエレクトリック				Arosta 4439 Jungo 4455 Jungo Zeron 100X
METRODE (リンカーンエレクトリック)				2507XKS Thermet 25.35.Nb Thermet 35.45.Nb Thermet 800Nb Thermet HP40Nb Thermet HP50WCo

- 29 -

ステンレス鋼被覆アーク溶接棒

JIS Z 3221:2021

種　　　　　類	30Niステンレス	高Moステンレス	高炭素耐熱ステンレス	その他
METRODE (リンカーンエレクトリック)				Ultramet 2304 Ultramet 2507 Ultramet 316NF Ultramet B316NF Zeron 100XKS
Böhler Welding	Böhler Fox CN 21/33 Mn Thermanit 25/35 R			Avesta 253 MA Therminat 19/15 H
現代総合金属				S-307.16 S-308Mo.16

AWS A5.4:2012

種　　　　　類	AWS E308L	AWS E308Mo-16	AWS E309L	AWS E316L
MAGNA	マグナ393	マグナ393	マグナ393	マグナ711
現代総合金属	S-308L.17	S-308Mo.16	S-309L.17	S-316L.17
世亞エサブ	ESAB-308L-17		ESAB-309L-17	ESAB-316L-17

種　　　　　類	AWS E316H	AWS E410NiMo	AWS E2209	AWS E2553	AWS E2594
神戸製鋼			NC-2209		NC-2594
MAGNA	マグナ711	マグナ407	マグナ395	マグナ395	
世亞エサブ	SMP-E316H(16)	SMP-E410NiMo (16)	SMP-E2553(16)	SMP-E2553(16)	

種　　　　　類	D307	D308	D308L	D308N2
新日本溶業		ANC-08 ANC-08S	ANC-08L ANC-08LS	
永岡鋼業		NES-08	NES-08L	
ARCOS	Chromend 307 Stainlend 307	Chromend A(白) Chromend K Chromend 308 Stainlend K	Chromend KLC Chromend 308L Stainlend 308L	
ARCOS		Stainlend 308		
MAGNA	マグナ390	マグナ390	マグナ390	
STOODY		308-16	308L-16	

種　　　　　類	D309	D309L	D309Nb	D309NbL
新日本溶業	ANC-09		ANC-09C6	
永岡鋼業	NES-09	NES-09L		
福島熔材工業所	FNC-2			

ステンレス鋼被覆アーク溶接棒

JIS Z 3221:2003

種　　　　　類	D309	D309L	D309Nb	D309NbL
ARCOS	Chromend G(白) Chromend HC Chromend 309 Stainlend HC Stainlend 309	Stainlend 309L	Chromend 25/12Cb Chromend 309Cb Stainlend 25/12Cb Stainlend 309Cb	
MAGNA	マグナ390	マグナ393	マグナ395	マグナ395
STOODY	309-16	309L-16		309CbL-16

種　　　　　類	D309Mo	D309MoL	D310	D310Mo
新日本溶業	ANC-09Mo		ANC-10	ANC-10Mo
ARCOS	Chromend G(白) Chromend 309Cb Stainlend 309Mo			
MAGNA	マグナ393	マグナ393	マグナ393	マグナ393
STOODY		309MoL-16	310-16	

種　　　　　類	E310Cb(AWS)	D312	D16-8-2	D316
新日本溶業		ANC-12 ANC12S		ANC-16 ANC-16S
永岡鋼業				NES-16
ARCOS		Chromend 29/9 Chromend 312 Stainlend 312	Stainlend 16-8-2	Chromend B(白) Chromend 316-KMo Stainlend KMo Stainlend 316
MAGNA	マグナ395	マグナ303 マグナ395	マグナ395	マグナ711
STOODY				316-16

種　　　　　類	D316L	D316J1L	D317	D317L
新日本溶業	ANC-16L ANC-16LS	ANC-16CuL	ANC-17	
永岡鋼業	NES-16L		NES-17	
福島熔材工業所	FNC-2M			
ARCOS	Chromend KMo-LC Chromend 316L Stainlend 316L		Chromend 317 Stainlend 317	Stainlend 317L
MAGNA	マグナ711	マグナ711	マグナ711	マグナ711
STOODY	316L-16			317L-16

種　　　　　類	D318	D329J1	E330	D347
新日本溶業			ANC-30	ANC-47

ステンレス鋼被覆アーク溶接棒

JIS Z 3221:2003

種　　　　類	D318	D329J1	E330	D347
永岡鋼業				NES-47
ARCOS	Chromend 318 Stainlend 318		Chromend 330	Chromend 347 Stainlend 347
MAGNA	マグナ711	マグナ395		マグナ395
STOODY				347-16

種　　　　類	D347L	D349	D410	D410Nb
新日本溶業			ANC-41 ANC-41Cb	
永岡鋼業			NES-10	
ARCOS			Chromend 410 Stainlend 410	
MAGNA	マグナ393	マグナ393	マグナ407	マグナ407
STOODY			410-15	

種　　　　類	D430	D430Nb	D630	20Niステンレス
新日本溶業	ANC-430			
永岡鋼業	NES-30			
ARCOS				Chromend 20/29 　CuMo Chromend 320
MAGNA	マグナ407	マグナ407		
STOODY	430-15			

種　　　　類	30Niステンレス	高Moステンレス	高炭素耐熱ステンレス	その他
新日本溶業			AHC-HH ANC-HK	ANC-11 MC-100 MC-1200 NCX
特殊溶接棒			TH-HH TH-HK TH-HP	NCA-09MN
ARCOS			Chromend 310HC Stainlend 310HC	
EUREKA				Drawalloy#200 Drawalloy#240 Drawalloy#340 Drawalloy#440 Drawalloy#500
MAGNA				マグナ303 マグナ390 マグナ393 マグナ395

JIS Z 3221:2003

種　　　　　類	30Niステンレス	高Moステンレス	高炭素耐熱ステンレス	その他
MAGNA				マグナ407 マグナ711

極低温用オーステナイト系ステンレス鋼被覆アーク溶接棒

JIS Z 3227:2013

種　　　　　類	CES308L-16	CES316L-16
タセト	RNY308LA	RNY316LA
日本ウエルディング・ロッド	WEL C308LA	WEL C316LA
MAGNA	マグナ393	マグナ711
Böhler Welding	Böhler Fox S 308L-16	
現代綜合金属	S308LT.16	S316LT.16

軟鋼,高張力鋼及び低温用鋼用マグ溶接及びミグ溶接ソリッドワイヤ

軟鋼及び高張力鋼用マグ溶接ソリッドワイヤ

JIS Z 3312:2009
箇条 4b)

種　　　　類	YGW11	YGW12	YGW13	YGW14
適　用　鋼　種	軟鋼, 高張力鋼	軟鋼, 高張力鋼	軟鋼, 高張力鋼	軟鋼用
シールドガスの種類	CO_2	CO_2	CO_2	CO_2
神戸製鋼	MG-50 MG-50R MG-50R(N)	MG-1T(F) MG-50T MG-51T SE-50T		
JKW	KC-50 KC-50R	KC-45 KC-50ST KC-50T KC-E50T		
大同特殊鋼	DS1 DS1-SP	DS1A	DS3	
東海溶業	MHT-11	MHT-12		
ニツコー熔材工業	NX-50	NX-50T		
日鉄溶接工業	YM-26 YM-26(R) YM-SCZ YM-26・PX	YM-28 YM-28P YM-SCV	YM-27	
日本電極工業		NW-2		
パナソニック コネクト	YM-50 YM-50M	YM-50T1 YM-50MT	YM-55	
吉川金属工業	YR-11 EZ-11 GA-11	YR-12 EZ-12 GA-12 GA-50		
リンカーン エレクトリック	Merit S-G Pipeliner 70S-G SuperArc L-50 SuperGlide S3	LNM 27 Merit S-6 SuperArc L-56 SuperArc L-59 SuperGlide S6 Supra-MIG Supra MIG Ultra		
安丘新建業登峰溶接材料	ER50-G	ER50-6		
キスウェル	KC-26 ZO-26	KC-28 ZO-28		KC-25 ZO-25
現代綜合金属	SM-70G	SM-70 SM-70CF		
廣泰金属日本	KM-58 KM-58Z JC-11	KM-54 KM-56 KM-56Z JC-12		
世亞エサブ		SMP-M70		

軟鋼，高張力鋼及び低温用鋼用マグ溶接及びミグ溶接ソリッドワイヤ

JIS Z 3312:2009
箇条 4b)

種　　　　　類	YGW11	YGW12	YGW13	YGW14
適　用　鋼　種	軟鋼，高張力鋼	軟鋼，高張力鋼	軟鋼，高張力鋼	軟鋼用
シールドガスの種類	CO_2	CO_2	CO_2	CO_2
中鋼焊材	GW11 SG	GW12 S6		

種　　　　　類	YGW15	YGW16	YGW17	YGW18	YGW19
適　用　鋼　種	軟鋼，高張力鋼	軟鋼，高張力鋼	軟鋼，高張力鋼	490〜540MPa 高張力鋼	490〜540MPa 高張力鋼
シールドガスの種類	80Ar-20CO_2	80Ar-20CO_2	80Ar-20CO_2	CO_2	80Ar-20CO_2
エコウエルディング		EC-YGW16			
神戸製鋼	MIX-50S SE-A50S MIX-50R	SE-A50		MG-55 MG-55R MG-56 MG-56R MG-56R(N) MG-56R(A)	MIX-55R
JKW	KM-50 KM-50SH	KM-50T KM-E50T		KC-55G KC-55GR	KM-55G KM-55GR
大同特殊鋼	DD50S	DD50 DD50A DD50SL	DD50PS DD50W DD50Z		
ニツコー熔材工業	NX-50S	NX-45M NX-50M		NX-55	
日鉄溶接工業	YM-28S	YM-24T YM-25 YM-25S		YM-55C YM-55C(Y) YM-55C(R) YM-55C・PX	YM-55AG YM-55AZ
パナソニック コネクト	YM-51A YM-51AM	YM-45T YM-41AM YM-45MT			
吉川金属工業	YR-15	YR-16 GA50A			
リンカーンエレクトリック		Merit S-3			
キスウェル	KC-27 ZO-27	KC-25M		ZO-55 ZO-55R	
現代綜合金属	SM-70GS	SM-70S		SM-55H	
廣泰金属日本	KM-51 KM-51Z	KM-53 KM-53Z	KM-50ZN	KM-55 KM-55Z	KM-59 KM-59Z KM-59Y KM-59YZ
中鋼焊材	GW15	GW16 S4		GW18 GW80	

軟鋼，高張力鋼及び低温用鋼用マグ溶接及びミグ溶接ソリッドワイヤ

JIS Z 3312:2009
箇条 4a)

種　　　　類	G43A0C	G43A2M	G49A0C	G49A0M	G49A2M0
適　用　鋼　種	軟鋼,高張力鋼	軟鋼,高張力鋼	軟鋼用	軟鋼用	軟鋼,高張力鋼
シールドガスの種類	CO₂	80Ar-20CO₂	CO₂	80Ar-20CO₂	80Ar-20CO₂
衝撃試験の温度(℃)	0	-20	0	0	-20
神戸製鋼	MG-SOFT(16) MG-1S(F)(16)	MIX-1Z(0) MIX-1T(16)	MG-1Z(12) SE-1Z(12) MG-490FR(3M1T)	MIX-50FS(0) SE-A50FS(0)	MIX-1TR
JKW		KM-50S(0)			
大同特殊鋼			DS1C		
日鉄溶接工業		YM-24S(0)	YM-28Z(0) YM-SCM(16)		YM-TX YM-25MZ
現代綜合金属					SM-70MT

（　　）内は化学成分の種類の記号

種　　　　類	G49A2M12	G49A2M16	G49AP3M16	G55A3M	G55A4M
適　用　鋼　種	軟鋼,高張力鋼	軟鋼,高張力鋼	軟鋼,高張力鋼	-	-
シールドガスの種類	80Ar-20CO₂	80Ar-20CO₂	80Ar-20CO₂	80Ar-20CO₃	75Ar-25CO₂
衝撃試験の温度(℃)	-20	-20	-30	-	-
神戸製鋼		MIX-1TS SE-A1TS	MG-S50		
大同特殊鋼	G490HM				
パナソニック コネクト		YM-51MZ			
リンカーンエレクトリック				Pipeliner 80S-G(0) Pipeliner 80Ni1(0) LNM 28(4)	SuperArc LA-75(N2)

種　　　　類	G55AUM191UC	G57A1UC	G57JA1UC	G57A1UM
適　用　鋼　種	-	570MPa級高張力鋼	570MPa級高張力鋼	570MPa級高張力鋼
シールドガスの種類	80Ar-20CO₂	CO₂	CO₂	80Ar-20CO₂
衝撃試験の温度(℃)	-	-5	-5	-5
日鉄溶接工業			YM-60C・PX(3M1T)	
中鋼焊材	GW19			

種　　　　類	G57A2UM	G59JA1UC	G59JA1UM	G59A2UM
適　用　鋼　種	570MPa級高張力鋼	590MPa級高張力鋼	590MPa級高張力鋼	590MPa級高張力鋼
シールドガスの種類	80Ar-20CO₂	CO₂	80Ar-20CO₂	80Ar-20CO₂
衝撃試験の温度(℃)	-20	-5	-5	-20
神戸製鋼		MG-60(3M1T) MG-60R(N)(3M1T)	MG-S63B(C1M1T)	
JKW		KC-60(3M1T) KC-60R(3M1T)		KM-60(C1M1T)
大同特殊鋼		DS60A(3M1T)		
ニツコー熔材工業		NX-60(3M1T)		

軟鋼，高張力鋼及び低温用鋼用マグ溶接及びミグ溶接ソリッドワイヤ

JIS Z 3312:2009

種　　　類	G57A2UM	G59JA1UC	G59JA1UM	G59A2UM
日鉄溶接工業	YM-58A(12)	YM-60C(3M1T) YM-60AC(3M1)	YM-60A(3M1T)	
パナソニック コネクト	YM-60(3M1T)			
キスウェル		ZO-60(3M1T)		
現代綜合金属	SM-80G(3M1T)			
廣泰金属日本		KM-60(3M1T) KM-60Z(3M1T)		

種　　　類	G62A3M	G62A3UM	G69A0UC	G69A2UC
適　用　鋼　種	620MPa級高張力鋼	620MPa級高張力鋼	690MPa級高張力鋼	690MPa級高張力鋼
シールドガスの種類	75Ar-25CO_2	Ar-CO_2	CO_2	CO_2
衝撃試験の温度（℃）	-30	-30	0	-20
神戸製鋼				MG-70(N2M4T)
JKW				KC-65(N1M2T)
大同特殊鋼				DS60(N1M2T)
日鉄溶接工業			YM-70CM(3M1T)	YM-70CS(N1M2T) YM-70C(N4M3T)
パナソニック コネクト				YM-70(N1M2T)
リンカーンエレクトリック	SuperArc LA-90 (4M31)			
キスウェル		ZO-90		
廣泰金属日本		KM-60A(4M31)		

種　　　類	G69A2UM	G69A3UM	G69A5UA	G69A5UM0
適　用　鋼　種	690MPa級高張力鋼	690MPa級高張力鋼	690MPa級高張力鋼	690MPa級高張力鋼
シールドガスの種類	Ar-CO_2	Ar-CO_2	Ar-CO_2	CO_2
衝撃試験の温度（℃）	-20	-30	-50	-50
神戸製鋼	MG-S70(N4CM21T)			
日鉄溶接工業		YM-70A(N4M3T)		
リンカーンエレクトリック				LNM MoNiVa
キスウェル	ZH-100			
廣泰金属日本			KM-100S1Z	

種　　　類	G69A5M	G76A5UA0	G78A2UC	G78JA2UC
適　用　鋼　種	730MPa級高張力鋼	780MPa級高張力鋼	780MPa級高張力鋼	780MPa級高張力鋼
シールドガスの種類	Ar-CO_2	Ar-CO_2	CO_2	CO_2
衝撃試験の温度（℃）	-50	-40	-20	-20
神戸製鋼			MG-80(N4M4T) MG-82(N4M4T)	
大同特殊鋼			DS80(N5M3T)	

軟鋼，高張力鋼及び低温用鋼用マグ溶接及びミグ溶接ソリッドワイヤ

JIS Z 3312:2009

種　　　　　類	G69A5M	G76A5UA0	G78A2UC	G78JA2UC
適　用　鋼　種	730MPa級高張力鋼	780MPa級高張力鋼	780MPa級高張力鋼	780MPa級高張力鋼
シールドガスの種類	Ar-CO_2	Ar-CO_2	CO_2	CO_2
衝撃試験の温度(℃)	-50	-40	-20	-20
日鉄溶接工業	YM-80S(N1M2T)		YM-80C(N5M3T)	YM-82C(N5M3T)
リンカーンエレクトリック		SuperArc LA-100		

種　　　　　類	G78A4M	G78A4UM	G78JA2UM	G78A6UM
適　用　鋼　種	780MPa級高張力鋼	780MPa級高張力鋼	780MPa級高張力鋼	780MPa級高張力鋼
シールドガスの種類	Ar-CO_2	Ar-CO_2	Ar-CO_2	Ar-CO_2
衝撃試験の温度(℃)	-40	-40	-20	-60
エコウエルディング			EC-110	
神戸製鋼	MG-S80(N5CM3T)			MG-S88A(N7M4T)

種　　　　　類	その他
適　用　鋼　種	-
シールドガスの種類	-
衝撃試験の温度(℃)	-
エコウエルディング	EC-300
EUTECTIC	EC-66
	EC-680

低温用鋼用マグ溶接ソリッドワイヤ

JIS Z 3312:2009

種　　　　　類	G49AP3UM	G55A4C	G55AP4C	G57AP6M
シールドガスの種類	$Ar-CO_2$	CO_2	CO_2	$Ar-CO_2$
衝撃試験の温度(℃)	-30	-40	-40	-45
神戸製鋼		MG-50D(3M1T)		
日鉄溶接工業	YM-28E(12)		YM-55H(0)	YM-1N(N2M1T)
リンカーンエレクトリック				LNM Ni1
廣泰金属日本				KM-80SNi1

種　　　　　類	G49P6M	G49AP6M	G55A6M	G49P10G
シールドガスの種類	$Ar-CO_2$	$Ar-CO_2$	$Ar-CO_2$	規定しない
衝撃試験の温度(℃)	-60	-60	-60	-100
神戸製鋼	MG-S1N(N3)	MG-S50LT(17)	MG-T1NS(N2M1T)	MG-S3N(N9)
日鉄溶接工業		YM-36E(17)		
リンカーンエレクトリック			LNM Ni2.5	

690～780MPa高張力鋼マグ溶接用ソリッドワイヤ

種　　　　　類	ER100S-G	ER100S-G	ER100S-G	ER110S-G
適　用　鋼　種	690MPa級高張力鋼	690MPa級高張力鋼	690MPa級高張力鋼	780MPa級高張力鋼
シールドガスの種類	CO_2	Ar-CO_2	－	CO_2
神戸製鋼		MG-S70		
日鉄溶接工業	YM-70C YM-70CS	YM-70A		YM-80C
Böhler Welding	Union X85	Union NiMoCr		
現代綜合金属			SM-100	
廣泰金属日本		KM-100SIZ		

種　　　　　類	ER110S-G	ER110S-G	ER120S-G	－
適　用　鋼　種	780MPa級高張力鋼	780MPa級高張力鋼	－	690MPa級高張力鋼
シールドガスの種類	Ar-CO_2	－	－	CO_2
エコウエルディング	EC-110			
神戸製鋼	MG-S80			MG-70
日鉄溶接工業	YM-80A YM-80AS			
大同特殊鋼				DS60
パナソニック コネクト				YM-70
リンカーンエレクトリック			LNM MoNiCr	
Böhler Welding	Union X85		Union X90	
現代綜合金属		SM-110		

種　　　　　類	－	その他
適　用　鋼　種	780MPa級高張力鋼	－
シールドガスの種類	CO_2	－
神戸製鋼	MG-80	MG-S88A(ER120S-G)
Böhler Welding		Union X96 Böhler alform 1100-IG
大同特殊鋼	DS80	

耐候性鋼用のマグ溶接及びミグ溶接用ソリッドワイヤ

JIS Z 3315:2012

種 類	G49A0U C1-CCJ	G49JA0U C1-NCCJ	G57JA1U C1-NCCJ	その他 ASTM A588用
ワ イ ヤ の 成 分 系	Cr-Cu系	Ni-Cr-Cu系	Ni-Cr-Cu系	Ni系
神戸製鋼		MG-W50B MG-W50TB	MG-W588	
JKW		KC-50E		
日鉄溶接工業	FGC-55	YM-55W	YM-60W	
リンカーンエレクトリック				SuperArc LA-75

モリブデン鋼及びクロムモリブデン鋼用ガスシールドアーク溶接溶加棒及びソリッドワイヤ

JIS Z 3317:2011

種 類	G49C	G52A	G55A	
適 応 鋼 種	0.5Mo	0.5Mo	1.25Cr-0.5Mo	9Cr-1Mo
シールドガスの種類	CO$_2$	80Ar-20CO$_2$	80Ar-20CO$_2$	
神戸製鋼	MG-M(3M3T)	MG-SM(1M3)	MG-S1CM(1CM3) MG-T1CM(1CM3)	MG-S9CM(9C1M)
日鉄溶接工業	YM-505(3M3T)			
Böhler Welding			Böhler DCMS-IG	
キスウェル	KC-80D2(3M3T)		KC-80SB2	

種 類	G55A			G55C	
適 応 鋼 種	1〜1.25Cr-0.5Mo	5Cr-0.5Mo	9Cr-1Mo	1.25Cr-0.5Mo	0.5Cr-0.5Mo
シールドガスの種類	CO$_2$	80Ar-20CO$_2$	規定しない	CO$_2$	
神戸製鋼				MG-1CM(1CMT1)	MG-CM(CMT)
日鉄溶接工業				YM-511 (1CMT1)	
リンカーンエレクトリック	LNM 19(1CM) GRITHERM S-5 (1CM)				
METRODE (リンカーンエレクトリック)	ER80S-B2(1CM)	5CrMo(5CM)	9CrMo(9C1M)		
キスウェル	KC-80SB2(1CM3)				

種 類	G55M	G57A	G62A		
適 応 鋼 種	1.25Cr-0.5Mo	その他	P122鋼	2.25Cr-1Mo	9Cr-1Mo-Nb, V
シールドガスの種類	80Ar-20CO$_2$	80Ar-20CO$_2$	80Ar-20CO$_2$		
神戸製鋼		MG-S2CW (2CMWV-Ni)	MG-S12CRS (10CMWV-Co1)	MG-S2CMS (2C1M2) MG-S2CM (2C1M3)	MG-S9Cb (9C1MV2)

モリブデン鋼及びクロムモリブデン鋼用ガスシールドアーク溶接溶加棒及びソリッドワイヤ

種　　　　類	G55M	G57A	G62A		
適　応　鋼　種	1.25Cr-0.5Mo	その他	P122鋼	2.25Cr-1Mo	9Cr-1Mo-Nb, V
シールドガスの種類	80Ar-20CO$_2$	80Ar-20CO$_2$	80Ar-20CO$_2$		
神戸製鋼				MG-T2CM (2C1M3)	
日鉄溶接工業	YM-511A(1CM3)				
キスウェル	KC-81CMA (1CM3)			KC-90SB3 (2C1M3)	KC-90SB9 (9C1MV9)
Böhler Welding				Böhler CM 2-IG	Thermanit MTS3
現代綜合金属	SM-80CM				

種　　　　類	G62A		G62C	G62M
適　応　鋼　種	0.5Mo	2.25Cr-1Mo	2.25Cr-1Mo	2.25Cr-1Mo
シールドガスの種類	CO$_2$		CO$_2$	80Ar-20CO$_2$
神戸製鋼			MG-2CM(2C1MT1)	
日鉄溶接工業			YM-521(2C1M3)	YM-521A(2C1M2)
リンカーンエレクトリック	SuperArc LA-90 (3A4M31)	LNM 20(2C1M)		
METRODE (リンカーンエレクトリック)		ER90S-B3(2C1M)		

種　　　　類	W52			W55
適　応　鋼　種	1.25Cr-0.5Mo	0.5Mo	その他	1.25Cr-0.5Mo
シールドガスの種類	-			
神戸製鋼	TG-S1CML(1CML1)	TG-SM(1M3)	TG-S2CW(2CMWV)	TG-S1CM(1CM3)
東海溶業				TMC-95G(1CM3)
日鉄溶接工業				YT-511(1CMT)
Böhler Welding				Böhler DCMS-IG
キスウェル				T-81CMA(1CM3)
現代綜合金属				ST-80CM
廣泰金属日本				KTS-1CM(1CM)
				KTS-80B2(1CM)

種　　　　類	W55			
適　応　鋼　種	2.25Cr-1Mo	5Cr	9Cr	0.5Mo
シールドガスの種類	-			
神戸製鋼	TG-S2CML(2C1ML1)	TG-S5CM(5CM)		
日鉄溶接工業				YT-505(G)
廣泰金属日本		KTS-502(5CM)	KTS-505(9C1M)	

種　　　　類	W551CM	W555CM	W622C1M	W629C1MV
適　用　鋼　種	1~1.25Cr-0.5Mo	5Cr-0.5Mo	2.25Cr-1Mo	9Cr-1Mo
リンカーンエレクトリック	GRITHERM T-5 LNT 19	LNT 502	GRITHERM T-7 LNT 20	LNT 9Cr(P91)

モリブデン鋼及びクロムモリブデン鋼用ガスシールドアーク溶接溶加棒及びソリッドワイヤ

JIS Z 3317:2011

種　　　　類	W551CM	W555CM	W622C1M	W629C1MV
適　用　鋼　種	1～1.25Cr-0.5Mo	5Cr-0.5Mo	2.25Cr-1Mo	9Cr-1Mo
METRODE (リンカーンエレクトリック)	ER80S-B2	5CrMo	ER90S-B3	9CrMoV-N
キスウェル	T-80SB2		T-90SB3	
廣泰金属日本	KTS-80B2		KTS-90B3	KTS-90B9

種　　　　類		W62		その他
適　応　鋼　種	122鋼	2.25Cr-1Mo	9Cr-1Mo-Nb, V	-
シールドガスの種類		-		-
神戸製鋼	TG-S12CRS (10CMWV-Co)	TG-S2CM(2C1M2)	TG-S9Cb(9C1MV1)	
東海溶業		TMC-96G(2C1M2)		
日鉄溶接工業		YT-521(2C1M2)	YT-9ST(9C1MV1)	YT-HCM2S YT-HCM12A
Böhler Welding		Böhler CM 2-IG		
キスウェル		T-90SB3(2CM1M)		
現代綜合金属			ST-91B9	
廣泰金属日本		KTS-2CM(2C1M) KTS-90B3(2C1M)	KTS-90B9(9C1MV)	

AWS

種　　　　類	ER70S-A1	ER70S-A1	ER70S-A1	ER70S-A2
適　応　鋼　種	0.5Mo	0.5Mo	0.5Mo	0.5Mo
シールドガスの種類	CO_2	Ar-20%CO_2	Ar	CO_2
神戸製鋼		MG-S70SA1	TG-S70SA1	
リンカーンエレクトリック	LNM 12			GRITHERM S-3
METRODE (リンカーンエレクトリック)	CMo			

AWS

種　　　　類	ER80S-B2	ER90S-B3	ER80S-B8	ER90S-B91
適　応　鋼　種	1～1.25Cr～0.5Mo	2.25Cr～1Mo	9Cr-1Mo	9Cr-1Mo-Nb-V
シールドガスの種類	Ar	Ar	Ar	Ar
神戸製鋼	TG-S80B2	TG-S90B3	TG-S9CM	TG-S90B91

AWS

種　　　　類	ER90S-B92(1.2)	その他		ER80S-B6
適　応　鋼　種	9Cr-1Mo-Nb-V-M	1～1.25Cr-0.5Mo	2.25Cr-1Mo	5Cr-0.5Mo
シールドガスの種類	Ar	CO_2		Ar-CO_2
神戸製鋼	TG-S92W			MG-S5CM
METRODE (リンカーンエレクトリック)		1CrMo	2CrMo	

AWS

種　　　　　　類	ER90S-B91
適　応　鋼　種	9Cr-1Mo-Nb-V
シールドガスの種類	$Ar-CO_2$
神戸製鋼	MG-S90B91

JIS Z 3317:1999

種　　　　　　類	YG1CM-A
適　応　鋼　種	1〜1.25Cr-0.5Mo
シールドガスの種類	$80Ar-20CO_2$
現代綜合金属	ST-80CM
	SM-80CM

溶接用ステンレス鋼溶加棒,ソリッドワイヤ及び鋼帯(ミグ)

種　　　類	YS308	YS308H	YS308L	YS308N2	YS308LSi
溶　接　法	ミグ	ミグ	ミグ	ミグ	ミグ
シールドガスの種類	ArまたはAr+O₂	ArまたはAr+O₂	ArまたはAr+O₂	ArまたはAr+O₂	ArまたはAr+O₂
神戸製鋼	MG-S308				MG-S308LS
新日本溶業	MG-308		MG-308L		
タセト	MG308	MG308F MG308H	MG308L MG308L₁ MG308L₂	MG308N2	MG308LSi
ツルヤ工場	MG308		MG308L		
東海溶業	MTS-1G		MTS-2G		
トーヨーメタル	TS-308		TS-308L		
特殊電極	M-308		M-308L		M-308LS
特殊溶接棒	TM-308 TM-308Si		TM-308L		TM-308LSi
鳥谷溶接研究所	KS-308M		KS-308LM		HSi/KS-308LM
ナイス	Osten M308		Osten M308L		Osten M308LSi
永岡鋼業	NM-308		NM-308L		
ニツコー熔材工業	NS-308M		NS-308LM		NHS-308LM
日鉄溶接工業	YM-308		YM-308L YM-308UL		YM-308LSi
日本ウエルディング・ロッド	WEL MIG 308	WEL MIG 308HTS	WEL MIG 308L WEL MIG 308ELC WEL MIG 308ULC	WEL MIG 308N2	WEL MIG 308LSi
日本精線	YS308		YS308L	YS308N2	YS308LSi
パナソニック コネクト	YN-308				
EUTECTIC	EC-54		EC-54L		
リンカーンエレクトリック			LNM 304L		Blue Max MIG 308LSi GRINOX S-R 2LC LNM 304LSi
METRODE (リンカーンエレクトリック)					Supermig 308LSi
Böhler Welding					Avesta 308L-Si/ MDR-Si
キスウェル	M-308	M-308H	M308L		M308LSi
現代綜合金属	SM-308		SM-308L		SM-308LSi
廣泰金属日本	KMS-308	KMS-308H	KMS-308L		KMS-308LSi
世亞エサブ	SMP-M308		SMP-M308L		SMP-M308LSi
中鋼焊材	GM308		GM308L		GM308LSi

溶接用ステンレス鋼溶加棒,ソリッドワイヤ及び鋼帯(ミグ)

JIS Z 3321:2021

種　　　　　類	YS309	YS309L	YS309LSi	YS309Si	YS309Mo
溶　接　法	ミグ	ミグ	ミグ	ミグ	ミグ
シールドガスの種類	ArまたはAr+O$_2$	ArまたはAr+O$_2$	ArまたはAr+O$_2$	ArまたはAr+O$_2$	ArまたはAr+O$_2$
神戸製鋼	MG-S309			MG-S309LS	
新日本溶業	MG-309				
タセト	MG309	MG309L		MG309LSi	MG309Mo
ツルヤ工場	MG309			MG309LSi	
東海溶業	MTS-3G	MTS-3LG			
トーヨーメタル	TS-309	TS-309L			
特殊電極	M-309	M-309L			
特殊溶接棒	TM-309	TM-309L		TM-309LSi	
鳥谷溶接研究所	KS-309M	KS-309LM	HSi/KS-309LM		KS-309MoM
ナイス	Osten M309	Osten M309L			Osten M309Mo
ニツコー熔材工業	NS-309M	NS-309LM		NHS-309LM	NS-309MoM
日鉄溶接工業	YM-309	YM-309L	YM-309LSi		YM-309Mo
日本ウエルディング・ロッド	WEL MIG 309	WEL MIG 309L		WEL MIG 309LSi	WEL MIG 309Mo
日本精線	YS309	YS309L	YS 309LSi	YS309Si	YS309Mo
リンカーンエレクトリック	LNM 309H		Blue Max MIG 309LSi GRITHERM S-45 LNM 309LSi		
Böhler Welding	Böhler FF-IG		Avesta 309L-Si		
キスウェル	M-309	M-309L	M-309LSi		
現代綜合金属	SM-309	SM-309L	SM-309LSi		
廣泰金属日本	KMS-309	KMS-309L	KMS-309LSi		
世亞エサブ	SMP-M309	SMP-M309L		SMP-M309LSi	
中鋼焊材	GM309	GM309L		GM309LSi	

種　　　　　類	YS309LMo	YS310	YS310S	YS312	YS16-8-2
溶　接　法	ミグ	ミグ	ミグ	ミグ	ミグ
シールドガスの種類	ArまたはAr+O$_2$	ArまたはAr+O$_2$	ArまたはAr+O$_2$	ArまたはAr+O$_2$	ArまたはAr+O$_2$
新日本溶業		MG-310			
タセト	MG309MoL	MG310	MG310S		MG16-8-2
ツルヤ工場		MG310	MG310S		
東海溶業		MTS-4G	MTS-4SG	MTS-12G	
トーヨーメタル		TS-30	TS-30S		
特殊電極			M-310S	M-312	
特殊溶接棒		TM-310	TM-310S		
鳥谷溶接研究所	KS-309MoLM	KS-310M	KS-310SM	KS-312M	
ナイス		Osten M310	Osten M310S	Osten M312	
永岡鋼業		NM-310			
ニツコー熔材工業	NS-309MoLM	NS-310M		NS-312M	
日鉄溶接工業	YM-309MoL	YM-310			

溶接用ステンレス鋼溶加棒,ソリッドワイヤ及び鋼帯(ミグ)

JIS Z 3321:2021

種　　　　類	YS309LMo	YS310	YS310S	YS312	YS16-8-2
溶　接　法	ミグ	ミグ	ミグ	ミグ	ミグ
シールドガスの種類	ArまたはAr+O₂	ArまたはAr+O₂	ArまたはAr+O₂	ArまたはAr+O₂	ArまたはAr+O₂
日本ウエルディング・ロッド	WEL MIG 309MoL	WEL MIG 310	WEL MIG 310S	WEL MIG 312	WEL MIG 16-8-2
日本精線		YS310	YS310S	YS312	
EUTECTIC		EC-52S			
リンカーンエレクトリック		GRITHERM S-47			
		LNM 310			
Böhler Welding		Böhler FFB-IG		Therminat 30/10W	
キスウェル	M-309LMo	M-310		M-312	
現代綜合金属	SM-309MoL	SM-310		SM-312	
廣泰金属日本	KMS-309LMo	KMS-310		KMS-312	KMS-1682
世亞エサブ		SMP-M310		SMP-M312	
中鋼焊材	GM309LMo	GM310		GM312	

種　　　　類	YS316	YS316H	YS316L	YS316Si	YS316LSi
溶　接　法	ミグ	ミグ	ミグ	ミグ	ミグ
シールドガスの種類	ArまたはAr+O₂	ArまたはAr+O₂	ArまたはAr+O₂	ArまたはAr+O₂	ArまたはAr+O₂
神戸製鋼					MG-S316LS
新日本溶業	MG-316		MG-316L		
タセト	MG316		MG316L		MG316LSi
			MG316L₁		
			MG316L₂		
ツルヤ工場	MG316		MG316L		MG316LSi
東海溶業	MTS-5G		MTS-6G		
トーヨーメタル			TS-316L		
特殊電極	M-316		M-316L		M-316LS
特殊溶接棒	TM-316		TM-316L	TM-316Si	TM-316LSi
鳥谷溶接研究所	KS-316M		KS-316LM		HSi/KS-316LM
ナイス	Osten M316		Osten M316L		Osten M316LSi
永岡鋼業	NM-309		NM-316L		
	NM-316				
ニツコー熔材工業	NS-316M		NS-316LM		NHS-316LM
日鉄溶接工業	YM-316		YM-316L		YM-316LSi
			YM-316UL		
日本ウエルディング・ロッド	WEL MIG 316		WEL MIG 316L		WEL MIG 316LSi
			WEL MIG 316ELC		
			WEL MIG 316LC		
			WEL MIG 316ULC		
日本精線	YS316		YS316L	YS316Si	YS316LSi
EUTECTIC	EC-53		EC-53L		
リンカーンエレクトリック					Blue Max MIG
					316LSi

溶接用ステンレス鋼溶加棒,ソリッドワイヤ及び鋼帯(ミグ)

種　　　　類	YS316	YS316H	YS316L	YS316Si	YS316LSi
溶　接　法	ミグ	ミグ	ミグ	ミグ	ミグ
シールドガスの種類	ArまたはAr+O_2	ArまたはAr+O_2	ArまたはAr+O_2	ArまたはAr+O_2	ArまたはAr+O_2
リンカーンエレクトリック					GRITHERM S-R 4LC LNM 316LSi
METRODE (リンカーンエレクトリック)					Supermig 316LSi
Böhler Welding			Avesta 316L/ SKR		Avesta 316L-Si/ SKR-Si
キスウェル	M-316	M-316H	M-316L	M-316LSi	M-316LSi
現代綜合金属	SM-316		SM-316L		SM-316LSi
廣泰金属日本	KMS-316	KMS-316H	KMS-316L		KMS-316LSi
世亞エサブ	SMP-M316		SMP-M316L		SMP-M316LSi
中鋼焊材	GM316		GM316L		GM316LSi

種　　　　類	YS316J1L	YS317	YS317L	YS318	YS320
溶　接　法	ミグ	ミグ	ミグ	ミグ	ミグ
シールドガスの種類	ArまたはAr+O_2	ArまたはAr+O_2	ArまたはAr+O_2	ArまたはAr+O_2	ArまたはAr+O_2
新日本溶業		MG-317			
タセト		MG317L			
ツルヤ工場		MG-317			
トーヨーメタル		TS-317	TS-317L		
特殊溶接棒	TM-316J1L	TM-317L			
鳥谷溶接研究所			KS-317LM		
ニツコー熔材工業			NS-317LM		
日鉄溶接工業			YM-317L		
日本ウエルディング・ロッド	WEL MIG 316CuL	WEL MIG 317L			
日本精線	YS316LCu	YS317	YS317L		
Böhler Welding			Avesta 317L/ SNR	Therminat A Si	
キスウェル			M-317L		
廣泰金属日本		KMS-317	KMS-317L	KMS-318	KMS-320
世亞エサブ			SMP-M317L		

種　　　　類	YS320LR	YS321	YS329J4L	YS330	YS347
溶　接　法	ミグ	ミグ	ミグ	ミグ	ミグ
シールドガスの種類	ArまたはAr+O_2	ArまたはAr+O_2	ArまたはAr+O_2	ArまたはAr+O_2	ArまたはAr+O_2
新日本溶業					MG-347
タセト			MG329J4L		MG347 MG347HT
ツルヤ工場					MG347

溶接用ステンレス鋼溶加棒,ソリッドワイヤ及び鋼帯(ミグ)

JIS Z 3321:2021

種　　　類	YS320LR	YS321	YS329J4L	YS330	YS347
溶　接　法	ミグ	ミグ	ミグ	ミグ	ミグ
シールドガスの種類	ArまたはAr+O₂	ArまたはAr+O₂	ArまたはAr+O₂	ArまたはAr+O₂	ArまたはAr+O₂
東海溶業					MTS-47G
トーヨーメタル					TS-347 TS-347L
特殊溶接棒					TM-347 TM-347L
鳥谷溶接研究所			KS-329J4LM		KS-347M
永岡鋼業					NM-347
ニツコー熔材工業			NS-2594NLM		NS-347M
日鉄溶接工業					YM-347
日本ウエルディング・ロッド			WEL MIG 329J4L		WEL MIG 347
日本精線		YS321			YS347
METRODE (リンカーンエレクトリック)					347S96
キスウェル					M-347
現代綜合金属					SM-347
廣泰金属日本	KMS-320LR			KMS-330	KMS-347
世亞エサブ					SMP-M347
中鋼焊材					GM347

種　　　類	YS347H	YS347L	YS347Si	YS383	YS2209
溶　接　法	ミグ	ミグ	ミグ	ミグ	ミグ
シールドガスの種類	ArまたはAr+O₂	ArまたはAr+O₂	ArまたはAr+O₂	ArまたはAr+He	ArまたはAr+O₂
神戸製鋼			MG-S347LS MG-S347S		
タセト		MG347L	MG347Si		MG329J3L
鳥谷溶接研究所		KS-347LM			
ニツコー熔材工業					DUPLEX-8M
日鉄溶接工業		YM-347L			
日本ウエルディング・ロッド		WEL MIG 347L	WEL MIG 347Si		WEL MIG 329J3L
日本精線		YS347L	YS347Si		
リンカーンエレクトリック			Blue Max MIG 347Si GRINOX S-R2E	LNM NiCro 31/37	
Böhler Welding					Avesta 2205
キスウェル					M-2209
現代綜合金属					SM-2209
廣泰金属日本	KMS-347H		KMS-347Si		KMS-2209

溶接用ステンレス鋼溶加棒,ソリッドワイヤ及び鋼帯(ミグ)

JIS Z 3321:2021

種　　　　類	YS385	YS409	YS409Nb	YS410
溶　接　法	ミグ	ミグ	ミグ	ミグ
シールドガスの種類	ArまたはAr+O$_2$	ArまたはAr+O$_2$	ArまたはAr+O$_2$	ArまたはAr+O$_2$
神戸製鋼				MG-S410
新日本溶業				MG-410
タセト				MG410
ツルヤ工場				MG410
東海溶業				MTS-41G
トーヨーメタル				TS-410
特殊電極				M-410
特殊溶接棒				TM-410
鳥谷溶接研究所			KS-410NbM	KS-410M
ナイス				Osten M410
永岡鋼業				NM-410
ニツコー熔材工業				NS-410M
日鉄溶接工業			YM-410Nb	YM-410
日本ウエルディング・ロッド				WEL MIG 410
日本精線				YS 410
Böhler Welding	Avesta 904L		Therminat 409 Cb	
キスウェル			M-409Cb	M-410
現代綜合金属				SM-410
廣泰金属日本	KMS-385	KMS-409Ti	KMS-409Nb	KMS-410
世亞エサブ				SMP-M410
中鋼焊材				GM410

種　　　　類	YS410NiMo	YS420	YS430	YS430LNb
溶　接　法	ミグ	ミグ	ミグ	ミグ
シールドガスの種類	ArまたはAr+O$_2$	ArまたはAr+O$_2$	ArまたはAr+O$_2$	ArまたはAr+O$_2$
新日本溶業			MG-430	
タセト			MG430	
ツルヤ工場			MG430	
東海溶業			MTS-43G	
トーヨーメタル			TS-430	
特殊電極		M-420J2	M-430	
特殊溶接棒			TM-430	
鳥谷溶接研究所	KS-410NiMoM	KS-420J2	KS-430M	
ナイス			Osten M430	
永岡鋼業			NM-430	
ニツコー熔材工業			NS-430M	
日鉄溶接工業			YM-430	
			YM-430L	

溶接用ステンレス鋼溶加棒,ソリッドワイヤ及び鋼帯(ミグ)

JIS Z 3321:2021

種　　　　類	YS410NiMo	YS420	YS430	YS430LNb
溶　接　法	ミグ	ミグ	ミグ	ミグ
シールドガスの種類	ArまたはAr+O₂	ArまたはAr+O₂	ArまたはAr+O₂	ArまたはAr+O₂
日本ウエルディング・ロッド	WEL MIG 410NiMo		WEL MIG 430 WEL MIG 430L	
日本精線			YS430	
Böhler Welding	Therminat 13/04Si			Therminat 430L Cb
キスウェル		M-420	M-430	M-430LNb
廣泰金属日本		KMS-420	KMS-430	KMS-430LNb
中鋼焊材			GM430	

種　　　　類	YS630	高炭素耐熱ステンレス
溶　接　法	ミグ	ミグ
シールドガスの種類	ArまたはAr+O₂	ArまたはAr+O₂
特殊電極	M-630	M-HK
鳥谷溶接研究所	KS-630M	
ニツコー熔材工業	NS-630M	
廣泰金属日本	KMS-630	

溶接用ステンレス鋼溶加棒,ソリッドワイヤ及び鋼帯(ミグ)

種　　　　　類	その他
溶　　接　　法	ミグ
シールドガスの種類	ArまたはAr+O₂
大同特殊鋼	WSR35K
	WSR42K
	WSR43KNb
特殊電極	M-BDK
特殊溶接棒	TM-309Mo
	TM-309MoL
	TM-312
	TM-41NM
	TM-42J
永岡鋼業	NM-310
ニツコー熔材工業	DUPLEX-3M
	NS-444LM
日鉄溶接工業	YM-160
	YM-190
日本ウエルディング・ロッド	WEL MIG 25-5
	WEL MIG 160L
	WEL MIG 308ULB
	WEL MIG 318
	WEL MIG 430NbL
	WEL MIG 430NbL-2
	WEL MIG 430NbL-HS
	WEL MIG 630
	WEL MIG HU40S
	WEL MIG 40W
日本精線	NAS Y126
	NAS Y420J2
	NAS Y64
	NAS YHK-40
	NAS Y35C
	NAS YNM15K
EUTECTIC	EC-508

種　　　　　類	その他
溶　　接　　法	ミグ
シールドガスの種類	ArまたはAr+O₂
リンカーンエレクトリック	GRINOX S-62
	GRINOX S-AS 15NK
	GRITHERM S-49
	LNM 304H
	LNM 307
	LNM 4362
	LNM 4455
	LNM 4462
	LNM 4465
	LNM 4500
	LNM 4439Mn
	LNM Zeron 100X
METRODE	ER316MnNF
(リンカーンエレクトリック)	
MAGNA	マグナ303MIG
Böhler Welding	Avesta 2507/P100
	Avesta 2507/ P100CuW
	Böhler CAT 430L Cb Ti-IG
	Böhler EAS 2-IG(Si)
	Böhler EAS 4M-IG(Si)
	Böhler SAS 2-IG(Si)
現代綜合金属	SM-430LNb
廣泰金属日本	KMS-307HM
	KMS-307Si
	KMS-2594
	KMS-439Ti
	KMS-430LNbTi
世亞エサブ	SMP-M430Ti
	SMP-M430Mo

軟鋼,高張力鋼及び低温用鋼用ティグ溶接溶加棒及びソリッドワイヤ

JIS Z 3316:2017

種　　　　類	W35A0U10	W49A3U12	W49A10N7	W49A2U3
適　用　鋼　種	軟質継手	490MPa級高張力鋼	490MPa級高張力鋼	490MPa級高張力鋼
神戸製鋼	TG-S35		TG-S3N	
ニツコー熔材工業		NTG-50R		
廣泰金属日本				TG-53

種　　　　類	W49A3U0	W49A3U2	W49A3U6	W49AP3U6
適　用　鋼　種	490MPa級高張力鋼	490MPa級高張力鋼	490MPa級高張力鋼	490MPa級高張力鋼
神戸製鋼				TG-S51T
Böhler Welding			Union I52	
キスウェル		T-70S2	T-50 T-50G	
廣泰金属日本	TG-50	TG-52	TG-56	
中鋼焊材	GT52T			

種　　　　類	W49A3U16	W49A32	W49A33	W49A36
適　用　鋼　種	490MPa級高張力鋼	490MPa級高張力鋼	490MPa級高張力鋼	490MPa級高張力鋼
神戸製鋼	TG-S50			
東海溶業	HT-1G			
リンカーンエレクトリック		Lincoln ER70S-2	GRIDUCT T-4 LNT 25	Lincoln ER70S-6 LNT 26
キスウェル		T-70S2		
中鋼焊材				GT50

種　　　　類	W491M3	W49A6N1	W49AP2U12	W49AP3U0
適　用　鋼　種	0.5Mo	490MPa級高張力鋼	490MPa級高張力鋼	490MPa級高張力鋼
神戸製鋼		TG-S1N		TG-W50
日鉄溶接工業			YT-28	
リンカーンエレクトリック	GRIDUCT T-KEMO LNT 12			
METRODE (リンカーンエレクトリック)	CMo			
Böhler Welding		Böhler Ni 1-IG		
廣泰金属日本		KTS-1N		

種　　　　類	W49AP3U16	W49AP3U12	W55A0	W55A23M1T
適　用　鋼　種	490MPa級高張力鋼	490MPa級高張力鋼	490MPa級高張力鋼	－
日鉄溶接工業		YT-28E		
METRODE (リンカーンエレクトリック)			LNT 28 (AWS ER80S-G)	
MAGNA		マグナ31		
廣泰金属日本				TG-80

軟鋼, 高張力鋼及び低温用鋼用ティグ溶接溶加棒及びソリッドワイヤ

JIS Z 3316:2017

種　　類	W55A3UO	W55A5N2	W55P6N5	W55P2N1M3
適　用　鋼　種	－	アルミキルド鋼	アルミキルド鋼	550MPa級高張力鋼
神戸製鋼				TG-S56
リンカーンエレクトリック		LNT Ni1		
METRODE (リンカーンエレクトリック)			LNT Ni2.5	
Böhler Welding			Union I2.5 Ni	
中鋼焊材	GT60			

種　　類	W59A23M31	W59A33M1T	W59AP2U4M3	W62P2N3M2J
適　用　鋼　種	550MPa級高張力鋼	550MPa級高張力鋼	550MPa級高張力鋼	620MPa級高張力鋼
神戸製鋼	TG-S62			TG-S63S
日鉄溶接工業			YT-60	
MAGNA		マグナ31TIG	マグナ31TIG	
廣泰金属日本		TG-90		

種　　類	W69AP2UN4M3T	W78A6N6C1M4	W78AP2UN5C1M3T	その他
適　用　鋼　種	690MPa級高張力鋼	780MPa級高張力鋼	780MPa級高張力鋼	－
神戸製鋼		TG-S80AM		TG-S60A (W59A60)
日鉄溶接工業	YT-70		YT-80A	
METRODE (リンカーンエレクトリック)				1CrMo 2CrMo
MAGNA	マグナ305TIG			
Böhler Welding				Böhler NiCrMo 2.5-IG

AWS A5.18

種　　類	ER70S-G	ER70S-3	ER70S-6
適　用　鋼　種	490MPa級高張力鋼	490MPa級高張力鋼	490MPa級高張力鋼
現代綜合金属	ST-50G	ST-50・3	ST-50・6

低温用鋼用ティグ溶加棒及びソリッドワイヤ

種　　　　類	－	－
適　用　鋼　種	アルミキルド鋼	3.5Ni鋼
神戸製鋼	TG-S1MT TG-S1N	TG-S3N
日鉄溶接工業	YT-28E	
Böhler Welding	Böhler Ni 1-IG	Union I 2.5Ni

9％ニッケル鋼用ティグ溶加棒及びソリッドワイヤ

JIS Z 3332:1999

種　　　　類	YGT9Ni-2	その他
ワ　イ　ヤ　の　成　分　系	ハステロイ系	規定しない
神戸製鋼	TG-S709S	TG-S9N
日鉄溶接工業	NITTETSU FILLER 196	
Böhler Welding		UTP A6222-Mo
現代綜合金属	SMT-08	

溶接用ステンレス鋼溶加棒,ソリッドワイヤ及び鋼帯（ティグ）

JIS Z 3321:2010

種　　　　類	YS307	YS308	YS308H	YS308L	YS308LSi
溶　接　法	ティグ	ティグ	ティグ	ティグ	ティグ
シールドガスの種類	Ar	Ar	Ar	Ar	Ar
神戸製鋼		TG-S308	TG-S308H	TG-S308L	
四国溶材		シコクロードST-308		シコクロードST-308L	
新日本溶業		TG-308		TG-308L	
タセト		AT308 TG308	AT308F AT308H TG308F TG308H	AT308L AT308ULC TG308L TG308L₁ TG308L₂ TG308ULC	
ツルヤ工場		TG308		TG308L	
東海溶業		TS-1G		TS-2G	
東京溶接棒		TIG-308		TIG-308L	
トーヨーメタル		TS-308		TS-308L	
特殊電極		T-308		T-308L T-308LL	
特殊溶接棒		TT-308		TT-308L	
鳥谷溶接研究所		KS-308R	KS-308HR	KS-308LR	
ナイス		Osten T308		Osten T308L	
永岡鋼業		NT-308		NT-308L	
ニツコー熔材工業		NS-308R		NS-308LR	
日鉄溶接工業		YT-308		YT-308L YT-308UL	
日本ウエルディング・ロッド		WEL TIG 308 WEL TIG 308FR WEL TIG S308	WEL TIG 308HTS	WEL TIG 308L WEL TIG 308ELC WEL TIG 308LC WEL TIG 308LK WEL TIG 308ULC WEL TIG S308L	
EUTECTIC		T-54		T-54L	
リンカーンエレクトリック				Lincoln 　ER308/308L LNT 304L	
METRODE （リンカーンエレクトリック）				308S92	
MAGNA		マグナ37		マグナ37	
Böhler Welding		Therminat A		Avesta 308L/ 　MVR	
キスウェル		T-308	T-308H	T-308L	T-308LSi
現代綜合金属		ST-308		ST-308L	ST-308LSi
廣泰金属日本		KTS-308	KTS-308H	KTS-308L	KTS-308LSi

溶接用ステンレス鋼溶加棒,ソリッドワイヤ及び鋼帯(ティグ)

種　　　類	YS307	YS308	YS308H	YS308L	YS308LSi
溶　接　法	ティグ	ティグ	ティグ	ティグ	ティグ
シールドガスの種類	Ar	Ar	Ar	Ar	Ar
世亞エサブ		SMP-T308		SMP-T308L	SMP-T308Lsi
中鋼焊材	GT307	GT308		GT308L	GT308LSi

種　　　類	YS308N2	YS309	YS309L	YS309LSi	YS309Mo
溶　接　法	ティグ	ティグ	ティグ	ティグ	ティグ
シールドガスの種類	Ar	Ar	Ar	Ar	Ar
神戸製鋼		TG-S309	TG-S309L		
四国溶材		シコクロードST-309	シコクロードST-309L		シコクロードST-309MoL
新日本溶業		TG-309			
タセト	TG308N2	AT309 TG309	AT309L TG309L		AT309Mo TG309Mo
ツルヤ工場		TG309	TG309L		
東海溶業		TS-3G	TS-3LG		TS-3MG
東京溶接棒		TIG-309			
トーヨーメタル		TS-309	TS-309L		
特殊電極		T-309	T-309L		T-309Mo
特殊溶接棒		TT-309	TT-309L		
鳥谷溶接研究所		KS-309R	KS-309LR		KS-309MoR
ナイス		Osten T309	Osten T309L		Osten T309Mo
永岡鋼業		NT-309	NT-309L		
ニツコー熔材工業		NS-309R	NS-309LR		NS-309MoR
日鉄溶接工業		YT-309	YT-309L		YT-309Mo
日本ウエルディング・ロッド	WEL TIG 308N2	WEL TIG 309 WEL TIG 309K	WEL TIG 309L WEL TIG 309LK WEL TIG S309L		WEL TIG 309Mo
リンカーンエレクトリック			Lincoln ER309/309L LNT 309LHF		
METRODE (リンカーンエレクトリック)			309S92		ER309Mo
MAGNA		マグナ37	マグナ37		
Böhler Welding			Therminat 25/14 E-309L		
キスウェル		T-309	T-309L	T-309LSi	
現代綜合金属		ST-309	ST-309L		
廣泰金属日本		KTS-309	KTS-309L	KTS-309LSi	
世亞エサブ		SMP-T309	SMP-T309L		
中鋼焊材		GT309	GT309L	GT309LSi	

溶接用ステンレス鋼溶加棒,ソリッドワイヤ及び鋼帯(ティグ)

JIS Z 3321:2021

種 類	YS309LMo	YS310S	YS310	YS312	YS16-8-2
溶 接 法	ティグ	ティグ	ティグ	ティグ	ティグ
シールドガスの種類	Ar	Ar	Ar	Ar	Ar
神戸製鋼	TG-S309MoL		TG-S310		
四国溶材			シコクロードST-310		
新日本溶業			TG-310		
タセト	AT309MoL TG309MoL	AT310S TG310S	AT310 TG310		TG16-8-2 AT16-8-2
ツルヤ工場		TG310S	TG310		
東海溶業		TS-4SG	TS-4G	TS-12G	
トーヨーメタル		TS-310S	TS-310		
特殊電極	T-309MoL	T-310S		T-312	
特殊溶接棒			TT-310		
鳥谷溶接研究所	KS-309MoLR	KS-310SR	KS-310R	KS-312R	
ナイス		Osten T310S	Osten T310	Osten T312	
永岡鋼業			NT-310		
ニツコー熔材工業	NS-309MoLR		NS-310R	NS-312R	
日鉄溶接工業	YT-309MoL		YT-310	YT-312	
日本ウエルディング・ロッド	WEL TIG 309MoL WEL TIG S309MoL	WEL TIG 310S WEL TIG 310ULC WEL TIG SW310	WEL TIG 310	WEL TIG 312	WEL TIG 16-8-2
EUTECTIC			T-52S		
リンカーンエレクトリック			LNT 310 GRITHERM T-47		
METRODE (リンカーンエレクトリック)			310S94		ER16.8.2
MAGNA		マグナ37 マグナ38	マグナ37 マグナ38		
Böhler Welding			Therminat CR		
キスウェル	T-309LMo		T-310	T-312	
現代綜合金属	ST-309MoL		ST-310	ST-312	
廣泰金屬日本	KTS-309LMo		KTS-310	KTS-312	KTS-1682
世亞エサブ			SMP-T310	SMP-T312	
中鋼焊材	GT309LMo		GT310	GT312	

種 類	YS316	YS316H	YS316L	YS316J1L	YS316LSi
溶 接 法	ティグ	ティグ	ティグ	ティグ	ティグ
シールドガスの種類	Ar	Ar	Ar	Ar	Ar
神戸製鋼	TG-S316		TG-S316L TG-S316ULC		
四国溶材	シコクロードST-316		シコクロードST-316L		
新日本溶業	TG-316		TG-316L		

溶接用ステンレス鋼溶加棒,ソリッドワイヤ及び鋼帯(ティグ)

種　　　類	YS316	YS316H	YS316L	YS316J1L	YS316LSi
溶　接　法	ティグ	ティグ	ティグ	ティグ	ティグ
シールドガスの種類	Ar	Ar	Ar	Ar	Ar
タセト	AT316 TG316		AT316L AT316L$_1$ AT316L$_2$ AT316ULC TG316L TG316L$_1$ TG316L$_2$ TG316ULC	TG316J1L	
ツルヤ工場	TG316		TG316L		
東海溶業	TS-5G		TS-6G		
東京溶接棒	TIG-316		TIG-316L		
トーヨーメタル	TS-316		TS-316L		
特殊電極	T-316		T-316L		
特殊溶接棒	TT-316		TT-316L	TT-316J1L	
鳥谷溶接研究所	KS-316R		KS-316LR		
ナイス	Osten T316		Osten T316L		
永岡鋼業	NT-316		NT-316L		
ニツコー熔材工業	NS-316R		NS-316LR		
日鉄溶接工業	YT-316		YT-316L YT-316UL		
日本ウエルディング・ロッド	WEL TIG 316 WEL TIG 316FR		WEL TIG 316L WEL TIG 316ELC WEL TIG 316LC WEL TIG 316LK WEL TIG 316ULC WEL TIG S316L	WEL TIG 316CuL	
EUTECTIC	T-53		T-53L		
リンカーンエレクトリック			Lincoln ER316/316L LNT 316L		
METRODE (リンカーンエレクトリック)			316S92		
MAGNA	マグナ38		マグナ38	マグナ38	
Böhler Welding			Avesta 316L/ SKR		Avesta 316L-Si/ SKR-Si
キスウェル	T-316		T-316L		T-316LSi
現代綜合金属	ST-316		ST-316L		ST-316LSi
廣泰金属日本	KTS-316	KTS-316H	KTS-316L		KTS-316LSi
世亞エサブ	SMP-T316		SMP-T316L		SMP-T316LSi
中鋼焊材	GT316		GT316L		GT316LSi

溶接用ステンレス鋼溶加棒,ソリッドワイヤ及び鋼帯(ティグ)

JIS Z 3321:2021

種　　　類	YS317	YS317L	YS320	YS320LR	YS321
溶　接　法	ティグ	ティグ	ティグ	ティグ	ティグ
シールドガスの種類	Ar	Ar	Ar	Ar	Ar
神戸製鋼		TG-S317L			
四国溶材	シコクロードST-317	シコクロードST-317L			
新日本溶業	TG-317				
タセト		AT317L TG317L			
ツルヤ工場	TG-317				
東海溶業	TS-17G				
トーヨーメタル	TS-317	TS-317L			
特殊電極		T-317L		T-20Cb3	
特殊溶接棒	TT-317 TT-317L				
鳥谷溶接研究所		KS-317LR		KS-320LR	
ナイス		Osten T317L			
永岡鋼業	NT-317				
ニツコー熔材工業		NS-317LR		NS-20Cb3LR	
日鉄溶接工業	YT-317	YT-317L			
日本ウエルディング・ロッド		WEL TIG 317L WEL TIG 317ELC WEL TIG 317ULC		WEL TIG 320LR	
MAGNA	マグナ38				
Böhler Welding		Avesta 317L/SNR			
キスウェル		T-317L			
廣泰金属日本	KTS-317	KTS-317L	KTS-320	KTS-320LR	
世亞エサブ		SMP-T317L			

種　　　類	YS329J4L	YS330	YS347	YS347H	YS347Si
溶　接　法	ティグ	ティグ	ティグ	ティグ	ティグ
シールドガスの種類	Ar	Ar	Ar	Ar	Ar
神戸製鋼	TG-S329M TG-S2594		TG-S347		
四国溶材			シコクロードST-347		
新日本溶業			TG-347		
タセト	AT329J4L TG329J4L		AT347 TG347	TG347HT	
ツルヤ工場			TG347		
東海溶業			TS-47G		
トーヨーメタル			TS-347		
特殊電極	T-329J4L		T-347		
特殊溶接棒			TT-347		

溶接用ステンレス鋼溶加棒,ソリッドワイヤ及び鋼帯(ティグ)

JIS Z 3321:2021

種類	YS329J4L	YS330	YS347	YS347H	YS347Si
溶接法	ティグ	ティグ	ティグ	ティグ	ティグ
シールドガスの種類	Ar	Ar	Ar	Ar	Ar
鳥谷溶接研究所	KS-329J4LR	KS-330R	KS-347R		
永岡鋼業			NT-347		
ニツコー熔材工業	NS-2594NLR		NS-347R		
日鉄溶接工業	YT-DP3		YT-347		
日本ウエルディング・ロッド	WEL TIG 329J4L		WEL TIG 347 WEL TIG 347H		
METRODE (リンカーンエレクトリック)			347S96 ER347H		
Böhler Welding			Böhler SAS 2-IG		Böhler 347-Si/ MVNb-Si
キスウェル			T-347		
現代綜合金属			ST-347		
廣泰金属日本		KTS-330	KTS-347	KTS-347H	KTS-347Si
世亜エサブ			SMP-T347		
中鋼焊材			GT347		

種類	YS347L	YS383	YS385	YS2209	YS409
溶接法	ティグ	ティグ	ティグ	ティグ	ティグ
シールドガスの種類	Ar	Ar	Ar	Ar	Ar
神戸製鋼	TG-S347L				
タセト	AT347L TG347L			AT329J3L TG329J3L	
トーヨーメタル	TS-347L				
特殊溶接棒	TT-347L				
鳥谷溶接研究所	KS-347LR			KS-329J3LR	
ニツコー熔材工業				NS-2209R DUPLEX-8R	
日鉄溶接工業	YT-347L			YT-DP8	
日本ウエルディング・ロッド	WEL TIG 347L			WEL TIG 329J3L	
リンカーンエレクトリック		LNT NiCro 31/27			
キスウェル				T-2209	
現代綜合金属				ST-2209	
Böhler Welding				Avesta 2205	
廣泰金属日本			KTS-385	KTS-2209	KTS-409Ti
中鋼焊材				GT2209	

種類	YS409Nb	YS410	YS410NiMo	YS420	Y430
溶接法	ティグ	ティグ	ティグ	ティグ	ティグ
シールドガスの種類	Ar	Ar	Ar	Ar	Ar
神戸製鋼		TG-S410			
四国溶材		シコクロードST-410			シコクロードST-430

溶接用ステンレス鋼溶加棒,ソリッドワイヤ及び鋼帯(ティグ)

JIS Z 3321:2021

種　　　　類	YS409Nb	YS410	YS410NiMo	YS420	Y430
溶　接　法	ティグ	ティグ	ティグ	ティグ	ティグ
シールドガスの種類	Ar	Ar	Ar	Ar	Ar
新日本溶業		TG-410			TG-430
タセト		AT410			AT430
		TG410			TG430
ツルヤ工場		TG410			TG430
東海溶業		TS-41G		TS-42G	TS-43G
トーヨーメタル		TS-410			TS-430
特殊電極		T-410	T-2RMO-4	T-420J2	T-430
特殊溶接棒		TT-410			TT-430
鳥谷溶接研究所	KS-410NbR	KS-410R	KS-410NiMoR	KS-420R	KS-430R
ナイス		Osten T410			Osten T430
永岡鋼業		NT-410			NT-430
ニツコー熔材工業		NS-410R	NS-410NiMoR		NS-430R
日鉄溶接工業		YT-410			YT-430
日本ウエルディング・ロッド	WIL TIG 410Nb	WEL TIG 410	WIL TIG 410NiMo		WEL TIG 430
キスウェル		T-410		T-420	T-430
現代綜合金属		ST-410			
廣泰金属日本	KTS-409Nb	KTS-410		KTS-420	KTS-430
世亞エサブ		SMP-T410			
中鋼焊材		GT410			GT430

種　　　類	YS430LNb	YS630
溶　接　法	ティグ	ティグ
シールドガスの種類	Ar	Ar
タセト		TG630
特殊電極		T-630
鳥谷溶接研究所		KS-630R
ニツコー熔材工業		NS-630R
キスウェル	T-430LNb	
廣泰金属日本	KTS-430LNb	KTS-630
中鋼焊材		GT630

種　　　類	20Niステンレス	30Niステンレス	高Moステンレス	高炭素耐熱ステンレス
溶　接　法	ティグ	ティグ	ティグ	ティグ
シールドガスの種類	Ar	Ar	Ar	Ar
特殊電極				T-HK
				T-HP
鳥谷溶接研究所				KS-HKR
				KS-HPR
				KS-155R
ニツコー熔材工業				HK-310R

溶接用ステンレス鋼溶加棒,ソリッドワイヤ及び鋼帯(ティグ)

JIS Z 3321:2021

種　　　　　類	20Niステンレス	30Niステンレス	高Moステンレス	高炭素耐熱ステンレス
溶　　接　　法	ティグ	ティグ	ティグ	ティグ
シールドガスの種類	Ar	Ar	Ar	Ar
日本ウエルディング・ロッド	WEL TIG HR3C		WEL TIG 144ML	WEL TIG 22H
			WEL TIG 904L	WEL TIG 24C
			WEL TIG 25M	WEL TIG 32C
				WEL TIG 35C
				WEL TIG 35CL
				WEL TIG 35CW
				WEL TIG 35H
				WEL TIG 45S
				WEL TIG HM-40
				WEL TIG HK-40K1A
				WEL TIG HK-40V
				WEL TIG HS
				WEL TIG MR-1
Böhler Welding	Avesta 904L	Thermanit 25/35R		Avesta 253M

- 63 -

溶接用ステンレス鋼溶加棒,ソリッドワイヤ及び鋼帯(ティグ)

JIS Z 3321:2021

種　　　　類	その他
溶　　接　　法	ティグ
シールドガスの種類	Ar
神戸製鋼	NO4051
	TG-S310HS
	TG-S310MF
	TG-S410Cb
	TG-S630
	TG-S2209
四国溶材	シコクロードST-309Mo
	シコクロードST-309 MoL
タセト	TGF308
	TGF308H
	TGF308L
	TGF309
	TGF309L
	TGF316L
	TGF317L
	TGF347
ツルヤ工場	TG309MOL
	TG320
	TG330
	TR174
特殊溶接棒	TT-309Mo
	TT-309MoL
	TT-312
	TT-41NM
	TT-42J
永岡鋼業	NT-310
ニツコー熔材工業	DUPLEX-3R
	NS-444LR
日鉄溶接工業	YT-160
	YT-170
	YT-190
	YT-304H
	YT-304N
	YT-347AP
	YT-410Nb
	YT-444
	YT-DP3W
	YT-HR3C

種　　　　類	その他
溶　　接　　法	ティグ
シールドガスの種類	Ar
日本ウエルディング・ロッド	WEL TIG AH-4
	WEL TIG KM-1
	WEL TIG SN-1
	WEL TIG SN-5
	WEL TIG 25-5
	WEL TIG 2RM2
	WEL TIG 308LN
	WEL TIG 308ULB
	WEL TIG 309Nb
	WEL TIG 316LN
	WEL TIG 317LN
	WEL TIG 317LM
	WEL TIG 318
	WEL TIG 410H
	WEL TIG 430NbL
	WEL TIG 430NbL-2
	WEL TIG 430NbL-HS
	WEL TIG 630
	WEL TIF 308
	WEL TIF 308L
	WEL TIF 309L
	WEL TIF 309MoL
	WEL TIF 316
	WEL TIF 316L
	WEL TIF 317L
	WEL TIF 329J3L
EUTECTIC	T-508
リンカーンエレクトリック	GRINOX T-62
	GRINOX T-R2E
	GRINOX T-R2LC
	GRINOX T-R4LC
	LNT 304H
	LNT 304LSi
	LNT 307
	LNT 309LSi
	LNT 316LSi
	LNT 347Si
	LNT 4439Mn
	LNT 4455
	LNT 4462
	LNT 4465
	LNT 4500
	LNT Zeron 100X

溶接用ステンレス鋼溶加棒,ソリッドワイヤ及び鋼帯(ティグ)

JIS Z 3321:2021

種　　　　　類	その他
溶　接　法	ティグ
シールドガスの種類	Ar
METRODE	308S96
(リンカーンエレクトリック)	316S96
MAGNA	マグナ37
	マグナ38
	マグナ303TIG
Böhler Welding	Avesta 2507/P100
	Avesta 2507/P100 CuW
	Böhler ASN 5-IG
キスウェル	T2594
現代綜合金属	ST-430LNb

種　　　　　類	その他
溶　接　法	ティグ
シールドガスの種類	Ar
廣泰金属日本	KTS-307HM
	KTS-307Si
	KTS-439Ti
	KTS-2594
世亞エサブ	SMP-T430Mo
	SMP-T430Ti

極低温用オーステナイト系ステンレス鋼ティグ溶加棒及びソリッドワイヤ

JIS Z 3327:2013

種　　　　　類	CYS308	CYS308L	CYS316	CYS316L
タセト		TG308LT AT308LT		TG316LT AT316LT
日本ウエルディング・ロッド	WEL TIG C308	WEL TIG C308L	WEL TIG C316	WEL TIG C316L
Böhler Welding		Böhler EAS 2-IG		Böhler EAS 4M-IG

軟鋼,高張力鋼及び低温用鋼用アーク溶接フラックス入りワイヤ

軟鋼～550N高張力鋼用のルチール系

JIS Z 3313:2009

*銘柄の後ろにある( )内は主要化学成分または-U:衝撃試験の吸収エネルギー(47J以上)を示す。

種　　　　類	T430T1-1CA	T490T1-1CA	T492T1-1CA	T492T1-1MA
適　用　鋼　種	軟鋼	軟鋼, 490MPa高張力鋼	軟鋼, 490MPa高張力鋼	軟鋼, 490MPa高張力鋼
シールドガスの種類	CO_2	CO_2	CO_2	$Ar-CO_2$
衝撃試験の温度(℃)	0	0	-20	-20
溶　接　姿　勢	全姿勢用	全姿勢用	全姿勢用	全姿勢用
神戸製鋼			DW-100E(-U)	
鳥谷溶接研究所	CT-43LC			
日鉄溶接工業			SF-3(N1-UH5) SF-3Y(N1-UH5)	SF-3A(-UH5)
Böhler Welding			Böhler Ti 42 T-FD	Böhler Ti 42 T-FD
安丘新建業登峰溶接材料			DF-71(-U)	
キスウェル			K-71TLF	
現代綜合金属			Supercored 71	
世亞エサブ			Dual Shield 71 Dual Shield Ⅱ 71 Ultra(-U)	Dual Shield Ⅱ 70 Ultra(-U)
中鋼焊材			NT71	
天秦銲材工業			ArcStar 711	

種　　　　類	T492T1-1CAP	T493T1-1CA	T493T1-1MA	T493T1-1MAP
適　用　鋼　種	軟鋼, 490MPa高張力鋼	軟鋼, 490MPa高張力鋼	軟鋼, 490MPa高張力鋼	軟鋼, 490MPa高張力鋼
シールドガスの種類	CO_2	CO_2	$Ar-CO_2$	$Ar-CO_2$
衝撃試験の温度(℃)	-20	-30	-30	-30
溶　接　姿　勢	全姿勢用	全姿勢用	全姿勢用	全姿勢用
リンカーンエレクトリック		PRIMACORE LW-71 Outershield 71 Elite Outershield 71M Outershield 71 Supreme UltraCore 71C UltraCore 71A75 Dual	UltraCore 71A85	
現代綜合金属		SC-71LH(-U)	Supercored 71MAG (-U) SC-71LHM Cored (-U)	
廣泰金属日本	KFX-71T	KFX-715	KFX-71M	
世亞エサブ	Dual Shield 7100 Ultra (-U)	Dual Shield 70 Ultra Plus	Dual Shield 7100SM	Dual Shield 7100SRM

種　　類	T494T1-1CA	T494T1-1CAP	T494T1-1MA
適　用　鋼　種	軟鋼, 490MPa高張力鋼	軟鋼, 490MPa高張力鋼	軟鋼, 490MPa高張力鋼
シールドガスの種類	CO_2	CO_2	$Ar-CO_2$
衝撃試験の温度(℃)	-40	-40	-40
溶　接　姿　勢	全姿勢用	全姿勢用	全姿勢用
神戸製鋼	DW-55E(-U)		
日鉄溶接工業	SF-3M(N1-UH5)		
リンカーンエレクトリック	PRIMACORE LW-71　Plus UltraCore 712C		Pipeliner G70M　UltraCore 712A80　UltraCore 712A80-H
Böhler Welding			Böhler Ti 52-FD
キスウェル	K-71UT		
現代綜合金属	Supercored 71H　SC-71HJ		SC-71SR
廣泰金属日本	KFX-719J		
天秦鈺材工業	TWE-711Ni　ArcStar T9		ArcStar 711Ni
世亞エサブ	Dual Shield Ⅱ 71-HI　(-U)	Dual Shield 7100SR　(-U)	

種　　類	T49J0T1-1CA	T49J0T1-1MA	T49J2T1-1CA	T49J2T1-1MA
適　用　鋼　種	軟鋼, 490MPa高張力鋼	軟鋼, 490MPa高張力鋼	軟鋼, 490MPa高張力鋼	軟鋼, 490MPa高張力鋼
シールドガスの種類	CO_2	$Ar-CO_2$	CO_2	$Ar-CO_2$
衝撃試験の温度(℃)	0	0	-20	-20
溶　接　姿　勢	全姿勢用	全姿勢用	全姿勢用	全姿勢用
神戸製鋼	DW-50V(-U)　DW-50AC(-G-U)　DW-100(-U)　DW-100V(-U)　DW-Z100(-U)　DW-Z110(-U)　DW-490FR(-G-U)	DW-A50(-U)		
JKW	FG-50S(-U)　FG-50SV(-U)			
四国溶材	TAS-10(-U)　TAS-K(-U)			
大同特殊鋼	DL50(-UH5)			
鳥谷溶接研究所	CT-50(-U)			
ニツコー熔材工業	NXW-300(-U)			
日鉄溶接工業	SF-1(-UH5)　SF-1・EX(-UH5)　SF-1V(-UH5)　SF-50FR(G-UH5)　SF-1・PX(-UH5)	SF-1A(-UH5)		
日本電極工業	NFW-150			

軟鋼, 高張力鋼及び低温用鋼用アーク溶接フラックス入りワイヤ

JIS Z 3313:2009

種　　　　　類	T49J0T1-1CA	T49J0T1-1MA	T49J2T1-1CA	T49J2T1-1MA
適　用　鋼　種	軟鋼, 490MPa高張力鋼	軟鋼, 490MPa高張力鋼	軟鋼, 490MPa高張力鋼	軟鋼, 490MPa高張力鋼
シールドガスの種類	CO_2	$Ar-CO_2$	CO_2	$Ar-CO_2$
衝撃試験の温度(℃)	0	0	-20	-20
溶　接　姿　勢	全姿勢用	全姿勢用	全姿勢用	全姿勢用
パナソニック コネクト	YM-1F(-UH5)			
吉川金属工業	YFR-71(-U)			
キスウェル	K-71T(-U)			
現代綜合金属	SF-71(-U) SF-71LF(-U)			
廣泰金属日本	KFX-71T(-U)	KFX-71M(-U)	KFX-71T	KFX-71M
世亞エサブ	Dual Shield 7100(-U) Dual Shield 7100S(-U)			
中鋼焊材	GMX71	GMX71M	GMX71	GMX71M
天泰銲材工業	TWE-711(-U)			

種　　　　　類	T49J4T1-1CA	T550T1-1CA	T552T1-1CA	T553T1-1CA
適　用　鋼　種	軟鋼, 490MPa高張力鋼	490~540MPa高張力鋼	490~540MPa高張力鋼	550MPa級高張力鋼
シールドガスの種類	CO_2	CO_2	CO_2	CO_2
衝撃試験の温度(℃)	-40	0	-20	-30
溶　接　姿　勢	全姿勢用	全姿勢用	全姿勢用	全姿勢用
神戸製鋼		DW-55(-U) DW-55V(-U)		
JKW		FG-55S(-U) FG-55SV(-U)		
日鉄溶接工業		SF-55(G-UH5) SF-55V(G-UH5)		
キスウェル		K-55T		
現代綜合金属		SC-55T(-U) SC-55 Cored(-U)		Supercored 81(N2-U)
廣泰金属日本	KFX-719J			KFX-81TN(-N2)
中鋼焊材	GMX71Ni			GMX811-Ni1
世亞エサブ			Dual Shield 8100(-G)	

種　　　　　類	T554T1-1CA	T554T1-1CAP	T59J1T1-1CA	T430T1-0CA
適　用　鋼　種	550MPa級高張力鋼	550MPa級高張力鋼	590MPa級高張力鋼	軟鋼
シールドガスの種類	CO_2	CO_2	CO_2	CO_2
衝撃試験の温度(℃)	-40	-40	-5	0
溶　接　姿　勢	全姿勢用	全姿勢用	全姿勢用	下向・水平すみ肉用
JKW			FG-60SV(N2M1-U)	
中鋼焊材	GMX811-Ni2			
世亞エサブ		Dual Shield 8100SR		

- 69 -

軟鋼, 高張力鋼及び低温用鋼用アーク溶接フラックス入りワイヤ

JIS Z 3313:2009

種　　　　　類	T490T1-0CA	T492T1-0CA	T493T1-0CA	T49J0T1-0CA
適　用　鋼　種	軟鋼, 490MPa高張力鋼	軟鋼, 490MPa高張力鋼	軟鋼, 490MPa高張力鋼	軟鋼, 490MPa高張力鋼
シールドガスの種類	CO_2	CO_2	CO_2	CO_2
衝撃試験の温度(℃)	0	-20	-30	0
溶　接　姿　勢	下向・水平すみ肉用	下向・水平すみ肉用	下向・水平すみ肉用	下向・水平すみ肉用
神戸製鋼				DW-200(-U)
				DW-50BF(-U)
				MX-200(-U)
				MX-200F(-U)
				MX-200H(-U)
				MX-200S(-U)
				MX-Z100S(-U)
				MX-Z200(-U)
				MX-Z200MP(-U)
				MX-Z210(-U)
				MX-Z50F(-U)
JKW				FG-50M(-U)
				FG-50P(-U)
特殊電極	MT-53H			
ニツコー熔材工業				NXZ-700
日鉄溶接工業				SM-1S(-UH5)
				SM-1F(-UH5)
				SM-1F・EX (-UH5)
				SM-1FV・EX (-UH5)
				SM-1FT(-UH5)
				SM-1F・PX (-UH5)
パナソニック コネクト				YM-2M(-UH5)
リンカーンエレクトリック			Outershield 70 UltraCore 70C	
キスウェル				KX-200(-U)
現代綜合金属				SF-70MX(-U)
廣泰金属日本		KFX-70T	KFX-70T	KFX-70T(-U)
世亞エサブ		Dual Shield R-70(-U) Coreweld 111Ultra(-U)	Dual Shield R-70Ultra	Coreweld 111RB(-U)

種　　　　　類	T49J0T1-0MA	T49J2T1-0CA	T550T1-0CA	T552T1-0CA
適　用　鋼　種	軟鋼, 490MPa高張力鋼	軟鋼, 490MPa高張力鋼	軟鋼, 550MPa高張力鋼	軟鋼, 550MPa高張力鋼
シールドガスの種類	$Ar-CO_2$	CO_2	CO_2	CO_2
衝撃試験の温度(℃)	0	-20	0	-20
溶　接　姿　勢	下向・水平すみ肉用	下向・水平すみ肉用	下向・水平すみ肉用	下向・水平すみ肉用
神戸製鋼	MX-A200(-U)			
JKW			FG-55P(-U)	

軟鋼, 高張力鋼及び低温用鋼用アーク溶接フラックス入りワイヤ

JIS Z 3313:2009

種　　　　類	T49J0T1-0MA	T49J2T1-0CA	T550T1-0CA	T552T1-0CA
適　用　鋼　種	軟鋼, 490MPa高張力鋼	軟鋼, 490MPa高張力鋼	軟鋼, 550MPa高張力鋼	軟鋼, 550MPa高張力鋼
シールドガスの種類	Ar-CO$_2$	CO$_2$	CO$_2$	CO$_2$
衝撃試験の温度(℃)	0	-20	0	-20
溶　接　姿　勢	下向・水平すみ肉用	下向・水平すみ肉用	下向・水平すみ肉用	下向・水平すみ肉用
中鋼焊材		GMX70		
廣泰金屬日本	KFX-70M			
世亞エサブ				Coreweld 8000(-G)

AWS

種　　　　類	E70C-G	E71T-1-1M,-12/-12M	E71T-12MJ	E80C-G
A　　W　　S	A5.18	A5.20	A5.20	A5.28
現代綜合金屬	SC-70Z Cored	SF-71MC	SC-71MSR	SC-80D2

種　　　　類	E81T1-Ni1M	E81T1-B2	E91T1-B3	その他
A　　W　　S	A5.29	A5.29	A5.29	―
現代綜合金屬	Supercored 81MAG	SC-81B2	SC-91B3	SC-EG3 SC-91P Supercored 110 Supercored1CM

軟鋼～550N高張力鋼用のメタル系

JIS Z 3313:2009

種　　　　類	T490T15-1CA	T49J0T15-1CA	T49J0T15-1MA-UH5	T492T15-1CA
適　用　鋼　種	軟鋼, 490MPa高張力鋼	軟鋼, 490MPa高張力鋼	軟鋼, 490MPa高張力鋼	軟鋼, 490MPa高張力鋼
シールドガスの種類	CO$_2$	CO$_2$	Ar-CO$_2$	CO$_2$
衝撃試験の温度(℃)	0	0	0	-20
溶　接　姿　勢	全姿勢用	全姿勢用	全姿勢用	全姿勢用
神戸製鋼		MX-100T(-U) MX-100Z(-U)		
ニツコー熔材工業				NXM-100T(-U)
日鉄溶接工業			SM-1KA	
安丘新建業登峰溶接材料				DF-70M(-U)
現代綜合金屬				SC-70T Cored

種　　　　類	T492T15-1MA	T493T15-1CA	T493T15-1MA	T49J3T15-1MA
適　用　鋼　種	軟鋼, 490MPa高張力鋼	軟鋼, 490MPa高張力鋼	軟鋼, 490MPa高張力鋼	軟鋼, 490MPa高張力鋼
シールドガスの種類	Ar-CO$_2$	CO$_2$	Ar-CO$_2$	Ar-CO$_2$
衝撃試験の温度(℃)	-20	-30	-30	-30
溶　接　姿　勢	全姿勢用	全姿勢用	全姿勢用	全姿勢用
ニツコー熔材工業			NXM-100T(-U)	
リンカーンエレクトリック			Metalshield MC-6 Metalshield MC-710XL	

JIS Z 3313:2009

種類	T492T15-1MA	T493T15-1CA	T493T15-1MA	T49J3T15-1MA
適用鋼種	軟鋼, 490MPa高張力鋼	軟鋼, 490MPa高張力鋼	軟鋼, 490MPa高張力鋼	軟鋼, 490MPa高張力鋼
シールドガスの種類	Ar-CO_2	CO_2	Ar-CO_2	Ar-CO_2
衝撃試験の温度(℃)	-20	-30	-30	-30
溶接姿勢	全姿勢用	全姿勢用	全姿勢用	全姿勢用
現代綜合金属			SC-70T Cored	
中鋼焊材				MXC76-M MXC760 MXC760C

種類	T494T15-1MA	T552T15-1CA	T552T15-1MA	T430T15-0CA
適用鋼種	軟鋼, 490MPa高張力鋼	軟鋼, 490MPa高張力鋼	軟鋼, 490MPa高張力鋼	軟鋼
シールドガスの種類	Ar-CO_2	CO_2	Ar-CO_2	CO_2
衝撃試験の温度(℃)	-40	-20	-20	0
溶接姿勢	全姿勢用	全姿勢用	全姿勢用	下向・水平すみ肉用
現代綜合金属	SC-70ML(-U)			

種類	T490T15-0CA	T490T15-0C(M)A	T492T15-0CA	T492T15-0MA
適用鋼種	軟鋼, 490MPa高張力鋼	軟鋼, 490MPa高張力鋼	軟鋼, 490MPa高張力鋼	軟鋼, 490MPa高張力鋼
シールドガスの種類	CO_2	CO_2(Ar-CO_2)	CO_2	Ar-CO_2
衝撃試験の温度(℃)	0	0	-20	-20
溶接姿勢	下向・水平すみ肉用	下向・水平すみ肉用	下向・水平すみ肉用	下向・水平すみ肉用
神戸製鋼			MX-100E(-G-U) MX-100ER(-G-U)	
日鉄溶接工業				SX-50A(-UH5)
四国溶材	MZ-10(-U)			
Böhler Welding		Böhler HL 46-MC		
現代綜合金属			Supercored 70MXH (-U) Supercored 70T	
世亞エサブ		Coreweld Ultra(-U) Coreweld 70(-U)		

種類	T493T15-0CA	T493T15-0MA	T49J0T15-0CA	T49J0T15-0MA
適用鋼種	軟鋼, 490MPa高張力鋼	軟鋼, 490MPa高張力鋼	軟鋼, 490MPa高張力鋼	軟鋼, 490MPa高張力鋼
シールドガスの種類	CO_2	Ar-CO_2	CO_2	Ar-CO_2
衝撃試験の温度(℃)	-30	-30	0	0
溶接姿勢	下向・水平すみ肉用	下向・水平すみ肉用	下向・水平すみ肉用	下向・水平すみ肉用
神戸製鋼			MX-100(-U) MX-101(-U) MX-Z100(-U) MX-50K(-U) MX-490FR(-G-U)	MX-A100(-U)

軟鋼, 高張力鋼及び低温用鋼用アーク溶接フラックス入りワイヤ

種　　　　　類	T493T15-0CA	T493T15-0MA	T49J0T15-0CA	T49J0T15-0MA
適　用　鋼　種	軟鋼, 490MPa高張力鋼	軟鋼, 490MPa高張力鋼	軟鋼, 490MPa高張力鋼	軟鋼, 490MPa高張力鋼
シールドガスの種類	CO_2	Ar-CO_2	CO_2	Ar-CO_2
衝撃試験の温度(℃)	-30	-30	0	0
溶　接　姿　勢	下向・水平すみ肉用	下向・水平すみ肉用	下向・水平すみ肉用	下向・水平すみ肉用
鳥谷溶接研究所				CT-50M
ニツコー熔材工業			NXM-100(-U)	
日鉄溶接工業			SM-1(-G-UH5)	
			SX-26(-UH5)	
吉川金属工業			YFR-70C(-U)	
リンカーンエレクトリック		Metalshield MC-706		
Böhler Welding	Böhler HL 51T-MC	Böhler HL 51T-MC		
キスウェル		KX-706M	KX-100	
現代綜合金属	SC-70H Cored	Supercored 70NS		
廣泰金属日本	KMX-70C(-U)	KMX-70M(-U)	KMX-70C(-U)	KMX-70M(-U)
世亞エサブ			Coreweld 70S(-U)	
天泰銲材工業			TM-70C(-U)	TWE-711M(-U)
				TM-70

種　　　　　類	T49T15-0GS	T550T15-0CA	T552T15-0CA	T623T15-0MA
適　用　鋼　種	軟鋼, 490MPa高張力鋼	490～540MPa高張力鋼	軟鋼, 490MPa高張力鋼	620MPa級高張力鋼
シールドガスの種類	－	CO_2	CO_2	Ar-CO_2
衝撃試験の温度(℃)	－	0	-20	-30
溶　接　姿　勢	下向・水平すみ肉用	下向・水平すみ肉用	下向・水平すみ肉用	下向・水平すみ肉用
神戸製鋼		MX-55(-U)		
		MX-55K(-U)		
日鉄溶接工業		SX-55(-UH5)		
リンカーンエレクトリック	Metalshield Z JIS(-G)			Metalshield HDT JIS (-G-H5)
キスウェル			KX-55	
現代綜合金属		SC-55F Cored(N1-U)	SF-80MX(N2)	
世亞エサブ		Coreweld 80S(-U)		
天泰銲材工業		TM-80C(U)		

軟鋼～550N高張力鋼用のその他

種　　　　　類	T49T3-0NS	T490T4-0NA	T49T10-0NS	T49T13-1NS
適　用　鋼　種	軟鋼, 490MPa高張力鋼	軟鋼, 490MPa高張力鋼	軟鋼, 490MPa高張力鋼	軟鋼, 490MPa高張力鋼
シールドガスの種類	セルフシールド	セルフシールド	セルフシールド	セルフシールド
衝撃試験の温度(℃)	-	-	-	-
溶　接　姿　勢	下向・水平すみ肉用	下向・水平すみ肉用	下向・水平すみ肉用	全姿勢用
神戸製鋼		OW-56B		
リンカーンエレクトリック	Innershield NR-5		Innershield NR-131	
世亞エサブ				Coreshield 15(-G)

軟鋼，高張力鋼及び低温用鋼用アーク溶接フラックス入りワイヤ

種　　　　　類	T49T14-1NS	T49T14-0NS	T49YT4-0NA	T49YT7-0NA
適　用　鋼　種	軟鋼，490MPa高張力鋼	軟鋼，490MPa高張力鋼	軟鋼，490MPa高張力鋼	軟鋼，490MPa高張力鋼
シールドガスの種類	セルフシールド	セルフシールド	セルフシールド	セルフシールド
衝撃試験の温度(℃)	−	−	20	20
溶　接　姿　勢	全姿勢用	下向・水平すみ肉用	下向・水平すみ肉用	下向・水平すみ肉用
神戸製鋼		OW-S50T(−G) OW-1Z(−G)	OW-56A	OW-S50H
日鉄溶接工業			SAN-53P	
リンカーンエレクトリック	Innershield NR-152			

種　　　　　類	T492TG-1NA	T493T6-0NA	T493T7-1NA	T493TG-1NA
適　用　鋼　種	軟鋼，490MPa高張力鋼	軟鋼，490MPa高張力鋼	軟鋼，490MPa高張力鋼	軟鋼，490MPa高張力鋼
シールドガスの種類	セルフシールド	セルフシールド	セルフシールド	セルフシールド
衝撃試験の温度(℃)	−20	−30	−30	−30
溶　接　姿　勢	全姿勢用	下向・水平すみ肉用	全姿勢用	全姿勢用
リンカーンエレクトリック		Innershield NR-305 Innershield NR-305JIS	Innershield NR-232 Innershield NR-233 Innershield NR-233JIS	Innershield NR-203Ni(1%) Innershield NR-203MP Innershield NR-207 Pipeliner NR-207+
世亞エサブ	Coreshild 8(−N2) Coreshild 8-Ni1(−N2)			

種　　　　　類	T555T7-1NA	T490T5-1C(M)A	T493T5-1CA	T494T5-1CA
適　用　鋼　種	軟鋼，490MPa高張力鋼	軟鋼，490MPa高張力鋼	軟鋼，490MPa高張力鋼	軟鋼，490MPa高張力鋼
シールドガスの種類	セルフシールド	CO_2(Ar−CO_2)	CO_2	CO_2
衝撃試験の温度(℃)	−50	0	−30	−40
溶　接　姿　勢	全姿勢用	−	全姿勢用	全姿勢用
神戸製鋼		DW-1SZ		
リンカーンエレクトリック	Innershield NR-555 Innershield NR-555JIS			
廣泰金属日本				KFX-715(−U)
現代綜合金属			Supercored 70SB(−U)	
世亞エサブ		Dual Shield T-5(−U)		

種　　　　　類	T494T5-1MA	T494T5-0CA	T554T15-1CA	AWS E71T-8-H16
適　用　鋼　種	軟鋼，490MPa高張力鋼	軟鋼，490MPa高張力鋼	550MPa級高張力鋼	軟鋼，490MPa高張力鋼
シールドガスの種類	Ar−CO_2	CO_2	CO_2	セルフシールド
衝撃試験の温度(℃)	−40	−40	−40	−30
溶　接　姿　勢	全姿勢用	下向・水平すみ肉用	全姿勢用	全姿勢用
神戸製鋼				OW-S50P
リンカーンエレクトリック		UltraCore 75C		
廣泰金属日本			KMX-80Ni1	
現代綜合金属	Supercored 70B(−U)			

軟鋼, 高張力鋼及び低温用鋼用アーク溶接フラックス入りワイヤ

JIS Z 3313:2009

種　　　　類	AWS E71T-11	AWS E70T-7	その他
適　用　鋼　種	軟鋼, 490MPa高張力鋼	軟鋼, 490MPa高張力鋼	軟鋼, 490MPa高張力鋼
シールドガスの種類	セルフシールド	セルフシールド	－
衝撃試験の温度(℃)	－	－	－
溶　接　姿　勢	全姿勢用	下向・水平すみ肉用	－
リンカーンエレクトリック	Innershield NR-211-MP Innershield NR-211-MP JIS	Innershield NR-311	
現代綜合金属	Supershield 11		
世亜エサブ	Coreshield 11	Coreshield 7	Coreshield 40(AWS E70T-4)

570〜620MPa高張力鋼用

JIS Z 3313:2009

種　　　　類	T574T1-1CA	T57J1T1-1CA	T57J1T1-0CA	T590T1-0CA
適　用　鋼　種	570MPa級高張力鋼	570MPa級高張力鋼	570MPa級高張力鋼	590MPa級高張力鋼
シールドガスの種類	CO_2	CO_2	CO_2	CO_2
衝撃試験の温度(℃)	-40	-5	-5	0
溶　接　姿　勢	全姿勢用	全姿勢用	下向・水平すみ肉用	下向・水平すみ肉用
特殊電極				MT-60H(2M3)
日鉄溶接工業		SF-60・PX(-N1-UH5)	SM-60F(G-UH5) SM-60F・PX(-G-UH5)	
現代綜合金属	SC-91K2 Cored(N3)			

種　　　　類	T59J1T1-0CA	T592T1-1CA	T594T1-1MA	T595T1-1MA
適　用　鋼　種	590MPa級高張力鋼	590MPa級高張力鋼	590MPa級高張力鋼	590MPa級高張力鋼
シールドガスの種類	CO_2	CO_2	$Ar-CO_2$	$Ar-CO_2$
衝撃試験の温度(℃)	-5	-20	-40	-50
溶　接　姿　勢	下向・水平すみ肉用	全姿勢用	全姿勢用	全姿勢用
JKW	FG-60P(-U)			
ニツコー熔材工業		NXW-60(N2M1-U)		
日鉄溶接工業		SF-60L(N3M1-UH5)		
リンカーンエレクトリック			UltraCore 81Ni1A 75-H (N1)	
世亜エサブ		Dual Shield Ⅱ 80-Ni1(-N2M1-U)		

種　　　　類	T59J1T1-1CA	T59J1T1-1MA	T59J1T1-0CA	T59J1T15-0CA
適　用　鋼　種	590MPa級高張力鋼	590MPa級高張力鋼	590MPa級高張力鋼	590MPa級高張力鋼
シールドガスの種類	CO_2	$Ar-CO_2$	CO_2	CO_2
衝撃試験の温度(℃)	-5	-5	-5	-5
溶　接　姿　勢	全姿勢用	全姿勢用	下向・水平すみ肉用	下向・水平すみ肉用
神戸製鋼	DW-60(N2M1-U) DW-60V(N2M1-U)		MX-60F(G-U)	MX-60(3M2-U)

JIS Z 3313:2009

種　　　　類	T59J1T1-1CA	T59J1T1-1MA	T59J1T1-0CA	T59J1T15-0CA
適 用 鋼 種	590MPa級高張力鋼	590MPa級高張力鋼	590MPa級高張力鋼	590MPa級高張力鋼
シールドガスの種類	CO_2	$Ar-CO_2$	CO_2	CO_2
衝撃試験の温度(℃)	-5	-5	-5	-5
溶 接 姿 勢	全姿勢用	全姿勢用	下向・水平すみ肉用	下向・水平すみ肉用
JKW	FG-60S(N2M1-U)			
鳥谷溶接研究所	CT60(N2M1-U)			
日鉄溶接工業	SF-60(N2M1-UH5) SF-60T(G-UH5)	SF-60A(N2M1-UH5)		SX-60(G-UH5)
天泰銲材工業				TM-85C(U)

種　　　　類	T59J1T15-0MA	T593T15-1CA	T622T1-1CA	T624T1-1CA
適 用 鋼 種	590MPa級高張力鋼	590MPa級高張力鋼	620MPa級高張力鋼	620MPa級高張力鋼
シールドガスの種類	$Ar-CO_2$	CO_2	CO_2	CO_2
衝撃試験の温度(℃)	-5	-30	-20	-40
溶 接 姿 勢	下向・水平すみ肉用	全姿勢用	全姿勢用	全姿勢用
鳥谷溶接研究所	CT-60M(N2M1)			
日鉄溶接工業				SF-60LH
廣泰金属日本		KMX-90D2		KFX-91TK2
世亞エサブ			Dual Shield 9100(-G) Dual Shield Ⅱ 101-TC(-N3M1)	

550〜620N高張力鋼用（セルフシールド）

種　　　　類	T553TG-1NA	T553TG-0NA	T623TG-1NA
適 用 鋼 種	520MPa級高張力鋼	550MPa級高張力鋼	620MPa級高張力鋼
シールドガスの種類	セルフシールド	セルフシールド	セルフシールド
衝撃試験の温度(℃)	-30	-30	-30
溶 接 姿 勢	全姿勢用	下向・水平すみ肉用	全姿勢用
リンカーンエレクトリック	Pipeliner NR-208-XP	Innershield NR-311Ni	Innershield NR-208-H

その他（高張力鋼用）

種　　　　類	T692T1-1CA	T693TG-1MA	T763TG-1MA	T766T1-1MA
適 用 鋼 種	690MPa級高張力鋼	690MPa級高張力鋼	760MPa級高張力鋼	760MPa級高張力鋼
シールドガスの種類	CO_2	$Ar-CO_2$	$Ar-CO_2$	$Ar-CO_2$
衝撃試験の温度(℃)	-20	-30	-30	-60
溶 接 姿 勢	全姿勢用	全姿勢用	全姿勢用	全姿勢用
リンカーンエレクトリック	Pipeliner G80M	Pipeliner G80M	Outershield 690-H Pipeliner G90M	
Böhler Welding				Böhler Ti 80 T-FD
廣泰金属日本	KFX-101K3			

低温用鋼用

種　　　　　　　類	T494T1-1MA	T494TG-1NA	T554T1-1CA	T554T1-1MA
適　用　鋼　種	-40℃までの低温用鋼	-40℃までの低温用鋼	550MPa級高張力鋼	550MPa級高張力鋼
シールドガスの種類	Ar-CO_2	セルフシールド	CO_2	Ar-CO_2
衝撃試験の温度(℃)	-40	-40	-40	-40
溶　接　姿　勢	全姿勢用	全姿勢用	全姿勢用	全姿勢
日鉄溶接工業	SF-36EA(N1-UH5)			
リンカーンエレクトリック			PRIMACORE LW-81Ni1 UltraCore 81Ni1C-H UltraCore 81K2C-H	UltraCore 81Ni1A75-H UltraCore 81K2A75-H
Böhler Welding	Böhler Ti 52-FD Böhler Ti 52 T-FD		Böhler Ti 60 T-FD	
廣泰金属日本	KFX-719J		KFX-81TN2(N5) KFX-81TK2(N3)	
世亞エサブ		Coreshield 8 Plus (-N3-U)		

種　　　　　　　類	T554T15-0MA	T764T1-1CA	T555T1-1CA	T555TG-1MA
適　用　鋼　種	550MPa級高張力鋼	760MPa級高張力鋼	550MPa級高張力鋼	550MPa級高張力鋼
シールドガスの種類	Ar-CO_2	CO_2	CO_2	Ar-CO_2
衝撃試験の温度(℃)	-40	-40	-50	-50
溶　接　姿　勢	下向・水平すみ肉用	全姿勢用	全姿勢用	全姿勢用
リンカーンエレクトリック			UltraCore 81Ni2C-H	UltraCore 81Ni2A75-H
廣泰金属日本	KMX-80Ni1	KFX-111K3		

種　　　　　　　類	T625T1-1CA	T496T1-1CA	T496T1-0CA	T556T1-1CA
適　用　鋼　種	620MPa級高張力鋼	-60℃までの低温用鋼	-60℃までの低温用鋼	550MPa級高張力鋼
シールドガスの種類	CO_2	CO_2	CO_2	CO_2
衝撃試験の温度(℃)	-50	-60	-60	-60
溶　接　姿　勢	全姿勢用	全姿勢用	下向・水平すみ肉	全姿勢用
神戸製鋼				DW-55L(N3) DW-55LSR(N3)
日鉄溶接工業		SF-36E(N3-H5)	SF-36F(N1-H5)	
リンカーンエレクトリック				PRIMACORE LW-81K2
Böhler Welding				Böhler Ti 60K2 T-FD (CO_2)
キスウェル				K-81TK2(N3)
現代綜合金属				Supercored 81-K2 (N3)
廣泰金属日本	KFX-91TK2			KFX-81TK2
世亞エサブ				Dual Shield Ⅱ 81-K2 (-N3) Dual Shield Ⅱ 81-K2LH(-N3)

種　　　　　類	T556T1-1MA	T556T1-0CA	T556T15-0CA	T576T1-1CA
適　用　鋼　種	550MPa級高張力鋼	590MPa級高張力鋼	550MPa級高張力鋼	570MPa級高張力鋼
シールドガスの種類	Ar-CO_2	CO_2	CO_2	CO_2
衝撃試験の温度(℃)	-60	-60	-60	-60
溶　接　姿　勢	全姿勢	下向・水平すみ肉用	下向・水平すみ肉用	全姿勢用
神戸製鋼		MX-55LF		
リンカーンエレクトリック	Outershield 81K2-H			
Böhler Welding	Böhler Ti 60-FD			
	Böhler Ti 60 T-FD			
	Böhler Ti 60 T-FD (SR)			
	Böhler Ti 2Ni T-FD			
キスウェル			K-80TK2(N3)	
現代綜合金属	Supercored 81-K2MAG (N3)		SC-80K2(N3)	SC-460(N3)
世亞エサブ		Coreweld 80-K2(-N3)		

軟鋼, 高張力鋼及び低温用鋼用アーク溶接フラックス入りワイヤ　　JIS Z 3313:1999

種　　　　　類	YFW-C50DR	YFW-S50GB
適　用　鋼　種	軟鋼, 490MPa高張力鋼	軟鋼, 490MPa高張力鋼
シールドガスの種類	CO_2	セルフシールド
現代綜合金属		Supershield 11
		Supershield 7/GS

種　　　　　類	その他	
適　用　鋼　種	-	-
シールドガスの種類	CO_2	セルフシールド
EUTECTIC	DO*66	
	DO*23	
	DO*259N	

耐候性鋼用アーク溶接フラックス入りワイヤ

JIS Z 3320:2012

種　　　　　類	T49J0T1-1CA-NCC-U	T49J0T1-1CA-NCC1-U	T49J0T1-1CA-NCC1-UH5	T49J0T1-0CA-NCC-U
ワイヤの成分系	Ni-Cr-Cu系	Ni-Cr-Cu系	Ni-Cr-Cu系	Ni-Cr-Cu系
溶　接　姿　勢	全姿勢用	全姿勢用	全姿勢用	下向・水平すみ肉用
神戸製鋼	DW-50W			MX-50W
JKW	FG-E50S			FG-E50P
日鉄溶接工業			SF-50W	
キスウェル		K-71TW		

種　　　　　類	T49J0T1-0CA-NCC1-U	T49J0T1-0CA-NCC1-UH5	T49J3T1-1CA-NCC1-U	T550T1-1CA-NCC1-U
ワイヤの成分系	Ni-Cr-Cu系	Ni-Cr-Cu系	Ni-Cr-Cu系	Ni-Cr-Cu系
溶　接　姿　勢	下向・水平すみ肉用	下向・水平すみ肉用	全姿勢用	全姿勢用
日鉄溶接工業	FCM-50FW	SM-50FW		
キスウェル				K-81TW
天泰銲材工業			TWE-81W2	

種　　　　　類	T553T1-1CA-NCC1-U	T57J1T1-1CA-NCC1-U	T57J1T1-1CA-NCC1-UH5	T57J1T1-0CA-NCC-U
ワイヤの成分系	Ni-Cr-Cu系	Ni-Cr-Cu系	Ni-Cr-Cu系	Ni-Cr-Cu系
溶　接　姿　勢	全姿勢用	全姿勢用	全姿勢用	下向・水平すみ肉用
神戸製鋼		DW-588 DW-60W		
日鉄溶接工業			SF-60W	
中鋼焊材	GMX811-W2			

種　　　　　類	T57J1T1-0CA-NCC1-U	T57J1T1-0CA-NCC1-UH5	T49J0T15-0CA-NCC1-UH5	その他
ワイヤの成分系	Ni-Cr-Cu系	Ni-Cr-Cu系	Ni-Cr-Cu系	Ni-Cr-Cu系
溶　接　姿　勢	下向・水平すみ肉用	下向・水平すみ肉用	下向・水平すみ肉用	下向・水平すみ肉用
神戸製鋼	MX-588 MX-60W			
JKW	FG-E60S			
日鉄溶接工業	FCM-60FW	SM-60FW	SX-50FW	

種　　　　　類	その他			
ワイヤの成分系	Cu-Ni-Ti系	Ni-Mo系	Cu-Ni系	－
溶　接　姿　勢	－	－	－	－
神戸製鋼	DW-50WT DW-60WT MX-50WT MX-60WT	DW-50WCL DW-60WCL MX-50WCL MX-60WCL	DW-50WCLB DW-60WCLB MX-50WCLB MX-60WCLB	

－ 79 －

耐候性鋼用アーク溶接フラックス入りワイヤ

JIS Z 3320:2012

種 類	その他			
ワ イ ヤ の 成 分 系	Cu-Ni-Ti系	Ni-Mo系	Cu-Ni系	－
溶 接 姿 勢	－	－	－	－
日鉄溶接工業			SF-50WN SF-50WLN SF-60WN SM-50FWN SM-60FWN	

AWS A5.29

種 類	E81T-W2	E80T1-W2C
ワ イ ヤ の 成 分 系	Cu-Ni系	－
溶 接 姿 勢	全姿勢用	－
現代綜合金属	SF-80W	
世亞エサブ	Dual Shield 8100-W	Coreweld 80-W2

JIS Z 3320:1999

種 類	YFA-50W	YFA-58W
ワ イ ヤ の 成 分 系	Cu-Cr-Ni系	Cu-Cr-Ni系
現代綜合金属	SF-70W	SF-80W
廣泰金属日本		KFX-81TW2
世亞エサブ	Dual Shield 7100-W	

モリブデン鋼及びクロムモリブデン鋼用マグ溶接フラックス入りワイヤ

JIS Z 3318:2010

種 類	T49T1	T55T1			
適 用 鋼 種	0.5Mo	0.5Mo	1.25Cr-0.5Mo	5Cr-0.5Mo	9Cr-1Mo
シ ー ル ド ガ ス の 種 類	CO_2	CO_2	CO_2	CO_2	CO_2
神戸製鋼			DW-1CMA(1C-1CML)		
特殊電極			MT-511(1C-1CML)		
鳥谷溶接研究所	CHT-M(0C-2M3)		CHT-1CM(0C-1CM)		
キスウェル		K-81TA1(1C)	K-81TB2(1C-1CM)		
中鋼焊材		GMX 811A1(1C)	GMX 811B2(1C)	GMX 811B6(5CM)	GMX 811B8(9C1M)

モリブデン鋼及びクロムモリブデン鋼用マグ溶接フラックス入りワイヤ

種　　　類	T62T1	T69T15	T55T1	T62T1
適　用　鋼　種	2.25Cr-1Mo	9Cr-Mo	1.25Cu-0.5Mo	2.25Cu-1Mo
シールドガスの種類	CO_2	CO_2	Ar+CO_2	Ar+CO_2
神戸製鋼	DW-2CMA(1C-2C1ML)			
特殊電極	MT-521(1C-2C1ML)			
鳥谷溶接研究所	CHT-2CM(0C-2C1M)			
Böhler Welding			Böhler DCMS Kb Ti-FD	Böhler CM2 Ti-FD
キスウェル	K-91TB3(1C-2C1M)		K-81TB2SM	
中鋼焊材	GMX 811B3(1C)	MXC M91(9C1MV)		

種　　　類	その他
適　用　鋼　種	-
シールドガスの種類	-
ナイス	Steel GC9CMF
Böhler Welding	Böhler C9 MV Ti-FD
	Böhler P92 Ti-FD
	Böhler CB2 Ti-FD

AWS A5.29:2010

種　　　類	E81T1-A1C	E81T1-B2C	E91T1-B3C	E81T1-A1M
適　用　鋼　種	0.5Mo	1～1.25Cr-0.5Mo	2.25Cr-1Mo	0.5Mo
シールドガスの種類	CO_2	CO_2	CO_2	Ar-CO_2
神戸製鋼		DW-81B2C	DW-91B3C	
リンカーンエレクトリック				Outershield 12-H
METRODE		Cormet 1	Cormet 2	
(リンカーンエレクトリック)			Cormet 2L	
現代綜合金属		SC-81B2	SC-91B3	
廣泰金属日本		KFX-81TB2	KFX-91TB3	
世亞エサブ	Dual Shield 7000-A1	Dual Shield 8000-B2	Dual Shield 9000-B3	
中鋼焊材		GMX811-B2	GMX911-B3	

種　　　類	E81T1-B2M	E91T1-B3M
適　用　鋼　種	1-1.25Cr-0.5Mo	2.25Cr-1Mo
シールドガスの種類	Ar-CO_2	Ar-CO_2
神戸製鋼	DW-81B2	DW-91B3
リンカーンエレクトリック	Outershield 19-H	Outershield 20-H

AWS A5.29:2010

種　　　　類	E81T1-B6	E81T1-B8	E91T1-B9	E91T1-B9M
適　用　鋼　種	–	–	–	9Cr-1Mo-Nb,V
シールドガスの種類	Ar-CO$_2$	Ar-CO$_2$	CO$_2$またはAr-CO$_2$	Ar-CO$_2$
神戸製鋼				DW-91B91
METRODE (リンカーンエレクトリック)	Cormet 5	Cormet 9	Supercore F91	
現代綜合金属			SC-91B9	

種　　　　類	その他
適　用　鋼　種	–
シールドガスの種類	–
METRODE (リンカーンエレクトリック)	Supercore F92

9％ニッケル鋼用マグ溶接フラックス入りワイヤ

種　　　　類	9Ni鋼	9Ni鋼
シールドガスの種類	Ar-CO$_2$	CO$_2$
ワ　イ　ヤ　の　種　類	フラックス入り	フラックス入り
神戸製鋼	DW-N70S DW-709S DW-N709SP	DW-709S DW-709SP
日本ウエルディング・ロッド	WEL FCW 9N WEL FCW A9N	
METRODE (リンカーンエレクトリック)	Supercore 625P	
Böhler Welding	Böhler N1BAS 625 PW-FD	

ステンレス鋼アーク溶接フラックス入りワイヤ

区分は, ワイヤ又は棒の種別(F,M,R), シールドガス(C,M,B,A,I,N,G), 適用溶接姿勢(0,1)。BiFが付いているものはBiが10ppm以下。

種　　　　類	TS307		TS308		TS308H		TS308L	
	銘柄	区分	銘柄	区分	銘柄	区分	銘柄	区分
神戸製鋼			DW-308	F,B,0	DW-308H	BiF-F,B,0	DW-308EL	F,B,0
							DW-308L	F,B,0
							DW-308LP	F,B,1
							DW-308LT	F,B,0
							DW-308LTP	F,B,1
							DW-T308L	F,B,0
							MX-A308L	M,M,0
							TG-X308L	R,I
タセト			GFW308	F,B,0	GFW308H	BiF-F,C,0	GFW308L	F,B,0
							GFW308L3	F,B,0
							GFW308LAP	F,C,1
							GFW308ULC	F,B,0
							MC308L	M,A,0
東海溶業							TSC-1L	F,B,0
特殊電極			MT-308F	F,B,0			MT-308LF	F,B,0
							MT-308LV	F,C,1
特殊溶接棒			TMW-308	F,B,0			TMW-308L	F,B,0
鳥谷溶接研究所	CS-307	F,B,0	CS-308	F,B,0			CS-308L	F,B,0
							CS-308LA	M,M,0
ナイス			Osten GC308	F,B,0			Osten GC308L	F,B,0
ニツコー熔材工業			NFG-308	F,B,0			NFG-308L	F,B,0
							NFG-308LP	F,B,1
							NFG-308LW	F,B,0
							NFG-308LE	F,B,0
日鉄溶接工業			SF-308	F,B,0			FC-308L	F,C,0
							FCM-308LK	F,C,0
							FC-308LK	F,B,1
							SF-308L	F,B,0
							SF-308LK	F,B,1
							SF-308LP	F,B,1
日本ウエルディング・ロッド			WEL FCW 308T	F,B,0	WEL FCW 308HTS	BiF-F,B,0	WEL FCW 308LT	F,B,0
			WEL FCW A308	F,C,1			WEL FCW 308ULC	F,C,0
							WEL FCW 308LAT	F,C,0
							WEL FCW 308LTK	F,C,0
							WEL FCW A308L	F,C,1
							WEL FCW A308LE	F,C,1
							WEL FCW A308LAT	F,C,1
							WEL FCW H308L	F,B,0
							WEL FCW S308L	F,C,0
							WEL MCW C308L	M,M,0
日本電極工業							NFW-308L	F,B,0
EUTECTIC			DO*54				DO*54L	

ステンレス鋼アーク溶接フラックス入りワイヤ

JIS Z 3323:2021

種類	TS307 銘柄	TS307 区分	TS308 銘柄	TS308 区分	TS308H 銘柄	TS308H 区分	TS308L 銘柄	TS308L 区分
リンカーンエレクトリック							Cor-A-Rosta 304L Cor-A-Rosta P304L GRINOX FCW-308L UltraCore FC 308L UltraCore FCP 308L	
METRODE（リンカーンエレクトリック）							Supercore 308L Supercore 308LP	
Böhler Welding	Böhler A7-FD Böhler A7PW-FD Böhler A7-MC	F,B,0 F,B,1 M,M,0			Böhler E308H PW-FD（BiF） Böhler E308H-FD	F,B,1 F,B,0	Böhler EAS 2-FD Böhler EAS 2PW-FD Böhler EAS 2PW-FD（LF） Avesta FCW-2D 308L/MVR Avesta FCW-2D 308L/MVR-PW Böhler EAS 2-MC	F,B,0 F,B,1 F,B,1 F,B,0 F,B,1 M,M,0
キスウェル			K-308T	F,B,0	K-308HT	F,B,1	K-308LT K-308LF	F,B,1 F,B,0
現代綜合金属							Supercored 308L SW-308L Cored SW-308LT	F,B,0 F,B,1 F,B,1
廣泰金属日本	KFW-307				KFW-308H KFW-308HF	F,B,1	KFW-308L KFW-308LF	F,B,1 F,B,0
世亞エサブ			Shield-Bright 308 Shield-Bright 308X-tra	F,B,1 F,B,0	Shield-Bright 308H Shield-Bright 308HBF	F,B,1 F,B,1	Shield-Bright 308L X-tra Shield-Bright 308L Cryo-Shield 308L	F,B,0 F,B,1 F,B,1
中鋼焊材	GMX307	F,B,1	GMX308	F,B,1			GMX308L-0 GMX308L	F,N,0 F,B,1
天秦銲材工業					TFW-308H	F,C,1	TFW-308L	F,C,1

種類	TS308L-BiF 銘柄	TS308L-BiF 区分	TS308N2 銘柄	TS308N2 区分	TS309 銘柄	TS309 区分	TS309J 銘柄	TS309J 区分
神戸製鋼	DW-308LH	F,B,0	DW-308N2	F,B,0	DW-309	F,B,0		
タセト	GFW308LH	F,C,0	GFW308N2	F,C,0	GFW309	F,B,0		
特殊電極					MT-309F	F,B,0	MT-309J	F,B,0
特殊溶接棒					TMW-309	F,B,0		

ステンレス鋼アーク溶接フラックス入りワイヤ

JIS Z 3323:2021

種類	TS308L-BiF		TS308N2		TS309		TS309J	
	銘柄	区分	銘柄	区分	銘柄	区分	銘柄	区分
鳥谷溶接研究所					CS-309	F,B,0	CS-309J	F,B,0
ナイス					Osten GC309	F,B,0		
ニツコー熔材工業					NFG-309	F,B,0		
日鉄溶接工業			SF-308N2	F,C,0	SF-309	F,B,0		
日本ウエルディング・ロッド	WEL FCW 308LBF	F,B,0	WEL FCW 308N2	F,C,0	WEL FCW 309T	F,B,0		
	WEL MCW C308LBF	M,M,0						
キスウェル	K-308LB	F,B,1			K-309T	F,B,0		
世亞エサブ					Shield-Bright 309	F,B,1		
					Shield-Bright 309H	F,B,1		
					Shield-Bright 309BF	F,B,1		

種類	TS309L		TS309Mo		TS309LMo		TS309LNb	
	銘柄	区分	銘柄	区分	銘柄	区分	銘柄	区分
神戸製鋼	DW-309L	F,B,0			DW-309MoL	F,B,0		
	DW-309LH	BiF-F,B,0			DW-309MoLP	F,B,1		
	DW-309LP	F,B,1						
	DW-T309L	F,B,0						
	MX-A309L	M,M,0						
	TG-X309L	R,I						
タセト	GFW309L	F,B,0	GFW309Mo	F,C,0	GFW309MoL	F,B,0		
	GFW309LH	BiF-F,C,0			GFW309MoLAP	F,C,1		
	GFW309LAP	F,C,1						
	MC309L	M,A,0						
東海溶業	TSC-3L							
特殊電極	MT-309LF	F,B,0			MT-309MoLF	F,B,0		
	MT-309LV	F,C,1						
特殊溶接棒	TMW-309L	F,B,0			TMW-309MoL	F,B,0		
鳥谷溶接研究所	CS-309L	F,B,0	CS-309Mo	F,B,0	CS-309MoL	F,B,0		
	CS-309LA	M,M,0						
ナイス	Osten GC309L	F,B,0			Osten GC309MoL	F,B,0		
ニツコー熔材工業	NFG-309L	F,B,0	NFG-309Mo	F,B,0	NFG-309MoL	F,B,0		
	NFG-309LP	F,B,1						
	NFG-309LW	F,B,0						
	NFG-309LE	F,B,0						
日鉄溶接工業	SF-309L	F,B,0	SF-309Mo		SF-309MoL	F,B,0		
	SF-309LP	F,B,1			SF-309MoLP	F,B,1		
	SF-N309L	F,N,0						

ステンレス鋼アーク溶接フラックス入りワイヤ

種　　　　類	TS309L		TS309Mo		TS309LMo		TS309LNb	
	銘柄	区分	銘柄	区分	銘柄	区分	銘柄	区分
日本ウエルディング・ロッド	WEL FCW 309LT	F,B,0	WEL FCW 309MoT	F,B,0	WEL FCW 309MoLT	F,B,0	WEL FCW 309NbLT	F,C,0
	WEL FCW 309LTK	F,C,0			WEL FCW 309MoLBF	BiF– F,B,0		
	WEL FCW 309LFT	F,C,0			WEL FCW A309MoL	F,C,1		
	WEL FCW 309LMT	F,C,0			WEL FCW A309MoLE	F,C,1		
	WEL FCW 309LBF	BiF– F,B,0			WEL FCW H309MoL	F,B,0		
	WEL FCW 309LFBF	BiF– F,B,0			WEL MCW C309MoL	M,M,0		
	WEL FCW A309L	F,C,1						
	WEL FCW A309LE	F,C,1						
	WEL FCW H309L	F,B,0						
	WEL FCW S309L	F,C,0						
	WEL MCW C309L	M,M,0						
日本電極工業	NFW–309L	F,B,0						
リンカーンエレクトリック	Cor–A–Rosta 309L				Cor–A–Rosta 309MoL			
	Cor–A–Rosta P309L				Cor–A–Rosta P309MoL			
	GRINOX FCW–309L							
	UltraCore FC 309L							
	UltraCore FCP 309L							
METRODE （リンカーンエレクトリック）	Supercore 309L Supercore 309LP				Supercore 309Mo Supercore 309MoP			
Böhler Welding	Böhler CN23 /12–FD	F,B,0			Böhler CN23/12 Mo–FD	F,B,0		
	Böhler CN23 /12 PW–FD	F,B,1			Böhler CN23/12 Mo PW–FD	F,B,1		
	Avesta FCW– 2D 309L	F,B,0						
	Avesta FCW– 309L–PW	F,B,1						
	Böhler E309L H–FD（BiF）	F,B,0						

ステンレス鋼アーク溶接フラックス入りワイヤ

種　　　　　　類	TS309L		TS309Mo		TS309LMo		TS309LNb	
	銘柄	区分	銘柄	区分	銘柄	区分	銘柄	区分
Böhler Welding	Böhler E309L H PW-FD	F,B,1						
キスウェル	K-309LT	F,B,1			K-309MoLT	F,B,1		
	K-309LF	F,B,0						
現代綜合金属	Supercored-309L	F,B,0			Supercored-309MoL	F,B,0		
	SW-309L Cored	F,B,1			SW-309MoL Cored	F,B,1		
廣泰金属日本	KFW-309L	F,B,1			KFW-309LMo	F,B,1		
	KFW-309LF	F,B,0			KFW-309LMoF			
世亞エサブ	Shield-Bright 309L X-tra	F,B,0	Shield-Bright 309Mo	F,B,1	Shield-Bright 309MoL X-tra	F,B,0	Shield-Bright 309LCb	F,B,1
	Shield-Bright 309L	F,B,1			Shield-Bright 309MoL	F,B,1		
中鋼焊材	GMX309L	F,B,1			GMX309LMo	F,B,1		
	GMX309L(HF)							
	GMX309L-O	F,N,0						
天泰銲材工業	TWE-309L	F,C,1			TFW-309LMo	F,C,1		

種　　　　　　類	TS310		TS312		TS316		TS316H	
	銘柄	区分	銘柄	区分	銘柄	区分	銘柄	区分
神戸製鋼	DW-310	F,B,0	DW-312	F,C,0	DW-316	F,B,0	DW-316H	BiF-F,B,0
タセト	GFW310E	F,C,0	GFW312	F,B,0	GFW316	F,B,0		
特殊電極	MT-310F	F,B,0	MT-312	F,B,0				
特殊溶接棒					TMW-316	F,B,0		
鳥谷溶接研究所	CS-310	F,B,0	CS-312	F,B,0	CS-316	F,B,0		
ナイス	Osten GC310	F,B,0			Osten GC316	F,B,0		
ニツコー熔材工業	NFG-310	F,B,0	NFG-312	F,B,0	NFG-316	F,B,0		
日鉄溶接工業					SF-316	F,B,0		
日本ウエルディング・ロッド	WEL FCW 310	F,B,0			WEL FCW 316T	F,B,0	WEL FCW 316HBF	BiF-F,B,0
EUTECTIC	DO*52S				DO*53			
キスウェル			K-312T	F,C,1	K-316T	F,B,0		
廣泰金属日本	KFW-310	F,B,0					KFW-316H	F,B,1
世亞エサブ	Shield-Bright 310X-tra	F,B,0	Shield-Brigth 312	F,B,1	Shield-Brigth 316 X-tra	F,B,0		

種　　　　　　類	TS316L		TS316L-BiF		TS316LCu		TS317L	
	銘柄	区分	銘柄	区分	銘柄	区分	銘柄	区分
神戸製鋼	DW-316L	F,B,0	DW-316LH	F,B,0			DW-317L	F,B,0
	DW-316LP	F,B,1					DW-317LP	F,B,1
	DW-316LT	F,B,0						
	DW-T316L	F,B,0						
	MX-A316L	M,M,0						
	TG-X316L	R,I						

ステンレス鋼アーク溶接フラックス入りワイヤ

JIS Z 3323:2021

種　　　類	TS316L		TS316L-BiF		TS316LCu		TS317L	
	銘柄	区分	銘柄	区分	銘柄	区分	銘柄	区分
タセト	GFW316L	F,B,0	GFW316LH	F,C,0	GFW316J1L	F,C,0	GFW317L	F,B,0
	GFW316L3	F,B,0						
	GFW316LAP	F,C,1						
	MC316L	M,A,0						
東海溶業	TSC-5L	F,B,0						
特殊電極	MT-316LF	F,B,0					MT-317LF	F,B,0
	MT-316LV	F,C,1						
特殊溶接棒	TMW-316L	F,B,0						
鳥谷溶接研究所	CS-316L	F,B,0					CS-317L	F,B,0
	CS-316LA	M,M,0						
ナイス	Osten GC316L	F,B,0						
ニツコー熔材工業	NFG-316L	F,B,0					NFG-317L	F,B,0
	NFG-316LE	F,B,0						
	NFG-316LP	F,B,1						
	NFG-316LW	F,B,0						
日鉄溶接工業	SF-316L	F,B,0					SF-317L	F,B,0
	SF-316LP	F,B,1						
日本ウエルディング・ロッド	WEL FCW 316LT	F,B,0	WEL FCW 316LBF	F,B,0	WEL FCW 316CuLT	F,C,0	WEL FCW 317LT	F,B,0
	WEL FCW 316ULC	F,C,0						
	WEL FCW 316LTK	F,C,0						
	WEL FCW A316L	F,C,1						
	WEL FCW A316LE	F,C,1						
	WEL FCW H316L	F,B,0						
	WEL FCW S316L	F,C,0						
	WEL MCW C316L	M,M,0						
	WEL MCW C316LBF	M,M,0						
EUTECTIC	DO*53L							
リンカーンエレクトリック	Cor-A-Rosta 316L							
	Cor-A-Rosta P316L							
	GRINOX FCW-316L							
	UltraCore FC 316L							
	UltraCore FCP 316L							

ステンレス鋼アーク溶接フラックス入りワイヤ

種類	TS316L		TS316L-BiF		TS316LCu		TS317L	
	銘柄	区分	銘柄	区分	銘柄	区分	銘柄	区分
METRODE (リンカーンエレクトリック)	Supercore 316L Supercore 316LP Superoot 316L						Supercore 317LP	
Böhler Welding	Böhler EAS4 M-FD	F,B,0					Böhler E317L-FD	F,B,0
	Böhler EAS4 PW-FD	F,B,1					Böhler E317L PW-FD	F,B,1
	Böhler EAS4 PW-FD（LF）	F,B,1						
	Avesta FCW-2D 316L/SKR	F,B,0						
	Avesta FCW 316L/SKR-PW	F,B,1						
	Böhler EAS4 M-MC	M,M,0						
キスウェル	K-316LT	F,B,1					K-317LT	F,B,1
	K-316LF	F,B,0						
現代綜合金属	Supercored-316L	F,B,0					SW-317L Cored	F,B,1
	SW-316LT	F,B,1						
	SW-316L Cored	F,B,1						
廣泰金属日本	KFW-316L	F,B,1					KFW-317L	F,B,1
	KFW-316LF	F,B,0					KFW-317LF	
世亞エサブ	Shield-Bright 316L X-tra	F,B,0					Shield-Bright 317L X-tra	F,B,0
	Shield-Bright 316L	F,B,1					Shield-Bright 317L	F,B,1
	Cryo-Shield316L	F,B,1						
中鋼焊材	GMX316L GMX316L(HF)	F,B,1					GMX317L	F,B,1
天泰銲材工業	TFW-316L	F,C,1						

種類	TS318		TS329J4L		TS347		TS347L	
	銘柄	区分	銘柄	区分	銘柄	区分	銘柄	区分
神戸製鋼			DW-329M	F,B,0	DW-347	F,B,0		
			DW-2594	F,B,1	DW-347H	F,B,0		
					TG-X347	R,I		
タセト	GFW318L	F,B,0	GFW329J4L	F,C,0	GFW347	F,B,0	GFW347L	F,B,0
					GFW347H	F,C,0	GFW347LH	F,C,0
特殊電極			MT-329J4L	F,C,0	MT-347F	F,B,0		
鳥谷溶接研究所			CS-329J4L	F,B,0	CS-347	F,B,0	CS-347L	F,B,0
ニツコー熔材工業					NFG-347	F,B,0		
日鉄溶接工業			SF-DP3	F,B,0				

ステンレス鋼アーク溶接フラックス入りワイヤ

JIS Z 3323:2021

種　　類	TS318		TS329J4L		TS347		TS347L	
	銘柄	区分	銘柄	区分	銘柄	区分	銘柄	区分
日本ウエルディング・ロッド	WEL FCW 318LT	F,C,0	WEL FCW 329J4L	F,C,0	WEL FCW 347T	F,B,0	WEL FCW 347LT	F,B,0
			WEL FCW 329J4LS	F,C,0	WEL FCW 347BF	BiF- F,B,0	WEL FCW 347LBF	BiF- F,B,0
			WEL FCW 329J4LT	F,C,0				
リンカーンエレクトリック					Cor-A-Rosta 347			
METRODE (リンカーンエレクトリック)					Supercore 347			
Böhler Welding					Böhler SAS2 -FD	F,B,0		
					Böhler SAS2 PW-FD	F,B,1		
					Böhler SAS2 PW-FD(LH)	F,B,1		
					Böhler E347L H-FD(BiF)	F,B,0		
					Böhler E347 H-PW-FD (BiF)	F,B,1		
キスウェル			K-325T	F,C,0	K-347T	F,B,1		
			K-325TP	F,C,1				
現代綜合金属					SW-347 Cored	F,B,1		
廣泰金属日本					KFW-347	F,B,1	KFW-347L	F,B,1
世亞エサブ					Shield-Bright 347	F,B,1		
					Shield-Bright 347H	F,B,1		
中鋼焊材					GMX347	F,B,1		
天秦銲材工業					TFW-347	F,C,1		

種　　類	TS409		TS409Nb		TS410		TS410NiMo	
	銘柄	区分	銘柄	区分	銘柄	区分	銘柄	区分
神戸製鋼			DW-410Cb	F,C,0				
タセト			GFW410Cb	F,C,0				
特殊電極			MT-410Nb	F,C,0				
特殊溶接棒			TMW-410Nb	F,C,0				
鳥谷溶接研究所			CS-410Nb	F,B,0			CS-410NiMo	F,B,0
							MS-410NiMo	M,M,0
ナイス					Osten GC410	F,B,0		
ニツコー熔材工業			NFG-410Cb	F,B,0			NFG-410NiMo	F,B,0
日本ウエルディング・ロッド			WEL FCW 410Nb	F,M,0	WEL FCW 410	F,M,0	WEL MCW 410NiMo	M,M,0

ステンレス鋼アーク溶接フラックス入りワイヤ

JIS Z 3323:2021

種類	TS409 銘柄	区分	TS409Nb 銘柄	区分	TS410 銘柄	区分	TS410NiMo 銘柄	区分
リンカーンエレクトリック			Outershield MC-409	M,A,0				
METRODE (リンカーンエレクトリック)							Supercore 410NiMo	
Böhler Welding							Böhler CN13 /4-MC	M,M,0
							Böhler CN13 /4-MC(F)	M,M,0
							Böhler CN13 /4-MCH1	M,M,0
キスウェル					K-410T	M,M,0		
現代綜合金属					SW-410 Cored		SW-410NiMo Cored	F,B,1
廣泰金属日本							KFW-410NiMo	F,B,1
世亞エサブ					Shield-Bright 410	F,B,1	Shield-Brigth 410NiMo	F,B,1
中鋼焊材					GMX410	F,B,1	GM410NiMo	F,B,1
天泰銲材工業							TFW-410NiMoM	M,M,0
							TFW-410NiMo	F,C,1

種類	TS430 銘柄	区分	TS430Nb 銘柄	区分	TS2209 銘柄	区分	TS2594 銘柄	区分
神戸製鋼			DW-430CbS	F,C,0	DW-329A	F,B,0		
					DW-329AP	F,B,0		
タセト			GFW430Cb	F,C,0	GFW329J3L	F,C,0	GFW2594	F,C,0
特殊電極			MT-430Nb	F,C,0				
鳥谷溶接研究所			CS-430Nb	F,B,0	CS-329J3L	F,B,0		
ニツコー熔材工業					NFG-2209	F,B,0		
日鉄溶接工業					SF-DP8	F,C,0		
					FC-DP8	F,C,0		
日本ウエルディング・ロッド			WEL MCW 430NbLJ	M,M,0	WEL FCW 329J3L	F,C,0		
					WEL FCW A329J3L	F,C,1		
					WEL FCW S329J3L	F,C,1		
リンカーンエレクトリック					Cor-A-Rosta 4462			
					Cor-A-Rosta P4462			
METRODE (リンカーンエレクトリック)					Supercore 2205			
					Supercore 2205P			
Böhler Welding			Böhler CAT 430L Cb-MC	M,M,1	Avesta FCW- 2D 2205-PW	F,B,0		
			Böhler CAT 430L Cb Ti-MC	M,M,1	Avesta FCW- 2205-PW	F,B,1		

JIS Z 3323:2021

種類		TS430		TS430Nb		TS2209		TS2594	
		銘柄	区分	銘柄	区分	銘柄	区分	銘柄	区分
Böhler Welding						Böhler CN22 /9 N-FD	F,B,0		
						Böhler CN22 /9 PW-FD	F,B,1		
キスウェル		K-430T	M,A,0			K-329T	F,B,1		
現代綜合金属						SW-2209	F,B,1		
廣泰金属日本						KFW-2209	F,B,1		
世亞エサブ				Arcaloy 430Nb	M,A,0	Shield-Bright 2209	F,B,1		
中鋼焊材						GMX2209			
天泰銲材工業						TFW-2209	F,C,1		

種類		その他	
		銘柄	区分
神戸製鋼		DW-308LN	
		DW-2209	
		DW-2307	
		MX-A135N	
		MX-A410NM	
		MX-A430M	
特殊電極		MT-254	
		MT-259	
		MT-2RMO-4	
		MT-2RMO-6	
		MT-309MN	
		MT-329W	
		MT-630	
		MT-D1	
		MT-FS44	
鳥谷溶接研究所		CS-254	F,B,0
		CS-259	F,B,0
		CS-309MN	F,B,0
		CS-630	F,B,0
ニツコー熔材工業		NFG-509	
		NFM-430N	
日鉄溶接工業		FCM-430NL	
		SF-260	
		SF-2120	
		FC2120	
		SF-309SD	
		SF-329J3LP	
		SF-DP3W	

種類		その他	
		銘柄	区分
日本ウエルディング・ロッド		WEL FCW 308LN	
		WEL FCW 316LN	
		WEL FCW 317LN	
		WEL MCW 13-4	
		WEL MCW 2RM2	
		WEL MCW 430NbL	
		WEL FCW A2307	
		WEL FCW 16-8-2	
EUTECTIC		DO*508	
		DO*29N	
		DO*13N	
		DO*13-4Ni	
		DO*59L	
		DO*507	
リンカーンエレクトリック		Supercore 2304P	
METRODE (リンカーンエレクトリック)		Supercore 316NF	
		Supercore 316LCF	
		Supercore Z100XP	
		Supercore 2507P	
Böhler Welding		Avesta FCW-2D 2507/P100-PW	F,B,1
		Böhler CAT 439L Ti-MC	M,M,1
現代綜合金属		SW-307NS Cored	
		SW-309LNS Cored	
		SW-2209 Cored	
		SF-409Ti	

ステンレス鋼アーク溶接フラックス入りワイヤ

JIS Z 3323:2021

種　　　　　類	その他	
	銘柄	区分
現代綜合金属	SF-430	
	SF-430Nb	
	SF-436	
	SF-439Ti Cored	
廣泰金属日本	KFW-310	
	KFW-2594	
	KMX-409Ti	
	KMX-430LNb	
	KMX-439Ti	
世亞エサブ	Arcaloy T-409Ti	
	Arcaloy 436	
	Arcaloy 439	
	Shield-Bright 2304	
	Shield-Bright 2507	
	Shield-Bright 2507 X-tra	
	Shield-Bright 2594	

炭素鋼及び低合金鋼用サブマージアーク溶接ソリッドワイヤ

JIS Z 3351:2012

種　　　　類	YS-S1	YS-S2	YS-S3	YS-S4
成　分　系	Si-Mn系	Si-Mn系	Si-Mn系	Si-Mn系
呼　　　　称	0.5Mn	1.0Mn	1.0Mn	1.5Mn
日鉄溶接工業	Y-A	Y-B		
リンカーンエレクトリック	Lincolnweld L-60 LNS 143	LNS 135	Lincolnweld L-50 Lincolnweld L-61 Lincolnweld LA-71	
Böhler Welding			Union S2Si	Union S3
キスウェル	KD-40		KD-42	
現代綜合金属	L-8		M-12K	
廣泰金属日本	KW-2		KW-3	
中鋼焊材			GS12K	
天秦銲材工業			TSW-12KM	

種　　　　類	YS-S5	YS-S6	YS-M1	YS-M2
成　分　系	Si-Mn系	Si-Mn系	Mo系	Mo系
呼　　　　称	1.5Mn	2.0Mn	0.3Mo	0.3Mo
神戸製鋼		US-36 US-36L US-36LT	US-49A	
JKW		KW-36 KW-50	KW-55	
ニツコー熔材工業		NU-36		
日鉄溶接工業		Y-E Y-D Y-DL Y-DL・FR Y-DS Y-D・PX	Y-DM3 Y-DM3L Y-D・FR Y-DL・HF Y-DM3・PX	
リンカーンエレクトリック	L-50M Lincolnweld L-S3			
Böhler Welding	Union S3Si			
キスウェル		KD-50		
現代総合金属	H-12K	H-14 H-14L		
廣泰金属日本	KW-12KH	KW-1	KW-9	
中鋼焊材		GS14		
天秦銲材工業	TSW-12KH			

炭素鋼及び低合金鋼用サブマージアーク溶接ソリッドワイヤ

JIS Z 3351:2012

種　　　　　類	YS-M3	YS-M4	YS-M5	YS-CM3
成　　分　　系	Mo系	Mo系	Mo系	Cr-Mo系
呼　　　　　称	－	0.5Mo	0.5Mo	0.5Cr-0.5Mo
神戸製鋼		US-49	US-40 US-58J	
JKW		KW-490CFR		
日鉄溶接工業		Y-CM Y-CMS	Y-DM Y-DMS Y-DM・PX	
リンカーンエレクトリック	Lincolnweld L-70 LNS 140A	Lincolnweld LA-81 LNS 140TB	Lincolnweld LA-90	
Böhler Welding	Union S2Mo Union EA1	Union S3 Mo		
キスウェル			KD-60	
現代綜合金属	A-2		A-3	
天秦銲材工業	TSW-E12	TSW-E13		

種　　　　　類	YS-CM4	YS-1CM1	YS-2CM1	YS-2CM2
成　　分　　系	Cr-Mo系	Cr-Mo系	Cr-Mo系	Cr-Mo系
呼　　　　　称	0.7Cr-1Mo	1.25Cr-0.5Mo	2.25Cr-1Mo	2.25Cr-1Mo
神戸製鋼	US-80BN	US-511 US-511N	US-521	US-521S
日鉄溶接工業		Y-511	Y-521 Y-521H	
リンカーンエレクトリック		Lincolnweld LA-92 LNS 150	Lincolnweld LA-93 LNS 151	
METRODE (リンカーンエレクトリック)		SA 1CrMo	SA 2CrMo	
Böhler Welding		Böhler EMS 2CrMo	Union S1 CrMo2	
キスウェル		KD-B2	KD-B3	

種　　　　　類	YS-3CM1	YS-5CM1	YS-N2	YS-NM1
成　　分　　系	Cr-Mo系	Cr-Mo系	Ni系	Ni-Mo系
呼　　　　　称	3Cr-1Mo	5Cr-1Mo	2.25-3.80Ni	－
神戸製鋼		US-502	US-203E	US-56B
JKW				KW-101B
日鉄溶接工業			Y-3Ni	Y-204 Y-204B
リンカーンエレクトリック			LNS 162	Lincolnweld LA-82 Lincolnweld LA-84 LNS 164
Böhler Welding		Union S1 CrMo5	Union S2 Ni2.5 Union S2 Ni3.5	

炭素鋼及び低合金鋼用サブマージアーク溶接ソリッドワイヤ

JIS Z 3351:2012

種　　　　　類	YS-3CM1	YS-5CM1	YS-N2	YS-NM1
成　分　系	Cr-Mo系	Cr-Mo系	Ni系	Ni-Mo系
呼　　　　　称	3Cr-1Mo	5Cr-1Mo	2.25-3.80Ni	–
天秦銲材工業				TSW-E41

種　　　　　類	YS-NM6	YS-NCM1	YS-NCM2	YS-NCM3
成　分　系	Ni-Mo系	Ni-Cr-Mo系	Ni-Cr-Mo系	Ni-Cr-Mo系
呼　　　　　称	–	–	–	–
神戸製鋼	US-255 US-80LT	US-63S		
日鉄溶接工業				Y-80M
リンカーンエレクトリック			Lincolnweld LA-100	LNS 168
Böhler Welding			Union S3 NiMoCr	Böhler 3NiCrMo 2.5-UP

種　　　　　類	YS-NCM4	YS-CuC2	YS-CuC3	YS-G
成　分　系	Ni-Cr-Mo系	Cu-Cr系	Cu-Cr系	–
呼　　　　　称	–	–	–	–
神戸製鋼		US-W52B US-W52BJ	US-W62B US-W62BJ	
JKW		KW-50E		
日鉄溶接工業	Y-80 Y-80J	Y-60W Y-CNCW		
リンカーンエレクトリック				Lincolnweld L-56 Lincolnweld LA-75 Lincolnweld LA-85 LNS 133TB LNS 140TB LNS 160 LNS 163 LNS 165
Böhler Welding				Union S3 MoTiB

AWS

種　　　　　類	その他	その他	その他
成　分　系	Cr-Mo系	Cr-Mo系	Cr-Mo系
呼　　　　　称	2.25Cr-1Mo-V	9Cr-1Mo-Nb-V	9Cr-Mo-Nb-V-W
神戸製鋼	US-521H	US-9Cb	
Böhler Welding	Union S1 CrMo 2V	Böhler C9 MV-UP Thermanit MTS 3 Thermanit MTS 3-LNi	Böhler C9 MVW-UP Böhler P92-UP Thermanit MTS4 Thermanit MTS616 Thermanit MTS911

炭素鋼及び低合金鋼用サブマージアーク溶接ソリッドワイヤ

AWS A5.17

種 類	EL12	EH12K	EH14	EB91
神戸製鋼				US-90B91
現代綜合金属	L-12	H-12K	H-14L	

AWS A5.23

種 類	EA2	EB2	EB3
現代綜合金属	A-2	B-2	B-3

- 97 -

サブマージアーク溶接用フラックス（炭素鋼及び低合金鋼用）

JIS Z 3352:2017

種　　　　類	SFMS1	SFMS2	SFMS4	SFZ1
フラックスのタイプ	溶融型	溶融型	溶融型	溶融型
神戸製鋼	G-50 G-60 MF-38A MF-44 MF-53 MF-63			
JKW	BH-200 BH-300 KF-300A			KF-70
特殊電極			F-50 F-60	
日鉄溶接工業	NF-45 NF-60 YF-15A NF-800R NF-810 NF-820 NF-820FR NF-830 YF-38 YF-800 YF-800S	YF-40		NF-310 YF-15 YF-200

種　　　　類	SFZ4	SFAR1	SFCS1	SAAB1
フラックスのタイプ	溶融型	溶融型	溶融型	ボンド型
神戸製鋼			G-80 MF-38 MF-300 MF-27 MF-29A MF-29AX	
JKW			KF-90 KF-350	
特殊電極	F-80S			
日鉄溶接工業		NF-1 NF-320 NF-320M	NF-80 NF-100 YF-15B YF-15FR NF-250 NF-900S	NB-60L NB-250H
リンカーンエレクトリック				Lincolnweld 780 Lincolnweld 860 Lincolnweld 865

サブマージアーク溶接用フラックス(炭素鋼及び低合金鋼用)

JIS Z 3352:2017

種　　　　　類	SFZ4	SFAR1	SFCS1	SAAB1
フ ラ ッ ク ス の タ イ プ	溶融型	溶融型	溶融型	ボンド型
リンカーンエレクトリック				Lincolnweld 960 998N 782 Lincolnweld 980 Lincolnweld 995N Lincolnweld WTX Lincolnweld P223 Lincolnweld SPX80 Lincolnweld P230
Böhler Welding				UV 309P UV 310P UV 400
キスウェル				EF-100H EF-100S EF-200
現代綜合金属				S-707 S-707T S-707TP S-717 S-777MXH S-800SP Superflux 600
廣泰金属日本				KF-550
天秦銲材工業				TF-510 TF-565 TF-650

種　　　　　類	SACG1	SACG3	SAZ1	SACS1
フ ラ ッ ク ス の タ イ プ	ボンド型	ボンド型	ボンド型	ボンド型
神戸製鋼	PF-100H PF-200 PF-200S PF-500 PF-H50LT PF-H55E PF-H55EM PF-H55LT PF-H55S PF-H60BS PF-H203 PF-90B91			
JKW	KB-55U KB-110			

サブマージアーク溶接用フラックス（炭素鋼及び低合金鋼用）

種　　　　類	SACG1	SACG3	SAZ1	SACS1
フ ラ ッ ク ス の タ イ プ	ボンド型	ボンド型	ボンド型	ボンド型
JKW	KB-156 KB-U KB-51			
日鉄溶接工業	NB-1CM NB-2CM NB-80		NB-55L NB-55LM NB-55LS NB-55 NB-55E NSH-50M NSH-53HF NSH-53Z NSH-55L NSH-60S	NB-250M
リンカーンエレクトリック			P223 P230	761 802 Lincolnweld 760 Lincolnweld 761 Lincolnweld MIL-800-H Lincolnweld 761-Pipe
キスウェル				EF-200V EF-200K
現代綜合金属				S-900SP

種　　　　類	SAFB1	SACB1	SACB-I1	SACG-I1
フ ラ ッ ク ス の タ イ プ	ボンド型	ボンド型	ボンド型	ボンド型
神戸製鋼	PF-92WD	PF-H52 PF-H80AK		PF-I52E PF-I55E PF-I53ES PF-I55ES
JKW				KB-55I KB-55IAD KB-55IM KB-60IAD
日鉄溶接工業	NB-3CM	NB-250J	NB-60 NSH-55EM	NB-52FRM NSH-60
リンカーンエレクトリック	839 888 Lincolnweld 880 Lincolnweld 880M Lincolnweld 8500 Lincolnweld 812-SRC Lincolnweld MIL800-HPNi			

サブマージアーク溶接用フラックス（炭素鋼及び低合金鋼用）

種　　　　類	SAFB1	SACB1	SACB-I1	SACG-I1
フラックスのタイプ	ボンド型	ボンド型	ボンド型	ボンド型
Böhler Welding	P240			
	Böhler BB 202			
	Böhler BB 203			
	Böhler BB 910			
	Marathon 444			
	Marathon 543			
	UV 418 TT			
	UV 420 TT			
	UV 420 TTR-C			
	UV 420 TTR-W			
	UV 421 TT			
	UV422TT-LH			
現代綜合金属	S-787TT			S-705HF
	S-787TB			S-705EF
	S-800WT			
	Superflux 800T			
	Superflux 55ULT			
	S-460Y			
	S-800CM			
	Superflux 787			
廣泰金属日本	KF-880			
天泰銲材工業	TF-21T			

種　　　　類	SAAR	その他
フラックスのタイプ	ボンド型	ボンド型
リンカーンエレクトリック	708GB	Lincolnweld 781
		Lincolnweld 882
		Lincolnweld 888
		Lincolnweld A-XXX 10
Böhler Welding	UV 305	
	UV 306	
現代綜合金属	S-777MX	
	S-777MXT	
	S-800MX	

炭素鋼及び低合金鋼用サブマージアーク溶接ワイヤ／フラックス

JIS Z 3183:2012

種　　　　類	S422-S	S501-H	S501-H	S501-H
対　応　鋼　種	軟鋼用	軟鋼, HT490	軟鋼, HT490	軟鋼, HT490
ワイヤ／フラックス	S2/SFMS1	S6/SFMS1	S6/SFCS1	G/SFMS1
神戸製鋼		US-36/MF-44 US-36/MF-53		
日鉄溶接工業	Y-B/NF-45	Y-D/NF-45 Y-D/YF-800S Y-D・PX/YF-800	Y-DS/NF-80	

種　　　　類	S501-H	S502-H	S502-H	S502-H
対　応　鋼　種	軟鋼, HT490	軟鋼, HT490	軟鋼, HT490	軟鋼, HT490
ワイヤ／フラックス	-/-	S3/SAAB1	S3/SACS1	S3/-
キスウェル		KD-42/EF-100S	KD-42/EF-200K	
現代綜合金属		M-12K/S-717 M-12K/S-800SP		
廣泰金属日本	KW-3/KF-330 KW-2/KF-330	KW-3/KF-550		
中鋼焊材				GS12K/GA78

種　　　　類	S502-H	S502-H	S502-H	S502-H
対　応　鋼　種	軟鋼, HT490	軟鋼, HT490	軟鋼, HT490	軟鋼, HT490
ワイヤ／フラックス	S5/SAFB	S6/SACB1	S6/SACG1	S6/SACI1
神戸製鋼		US-36/PF-H52	US-36/PF-H55E	
JKW			KW-36/KB-110 KW-50/KB-51 KW-50/KB-110 KW-50/KB-U	
現代綜合金属	H-12K/Superflux787			H-14/S-705HF
廣泰金属日本	KW-12KH/KF-880			

種　　　　類	S-502-H	S-502-H	S-502-H	S502-H
対　応　鋼　種	軟鋼, HT490	軟鋼, HT490	軟鋼, HT490	軟鋼, HT490
ワイヤ／フラックス	S6/SARS-1	S6/SAAB1	S6/SACS1	S6/SAZ1
キスウェル	KD-50/EF-100	KD-50/EF-100H	KD-50/EF-200V	

種　　　　類	S502-H	S502-H	S502-H	S502-H
対　応　鋼　種	軟鋼, HT490	軟鋼, HT490	軟鋼, HT490	軟鋼, HT490
ワイヤ／フラックス	S6/SFAR1	S6/SFCS1	S6/SFMS1	S6/SFZ1
神戸製鋼		US-36/G-80 US-36/MF-300 US-36/MF-38	US-36/G-50 US-36/G-60 US-36/MF-38A	

炭素鋼及び低合金鋼用サブマージアーク溶接ワイヤ/フラックス

JIS Z 3183:2012

種　　　　　類	S502-H	S502-H	S502-H	S502-H
対　応　鋼　種	軟鋼, HT490	軟鋼, HT490	軟鋼, HT490	軟鋼, HT490
ワイヤ／フラックス	S6/SFAR1	S6/SFCS1	S6/SFMS1	S6/SFZ1
JKW		KW-36/KF-90	KW-36/BH-200 KW-50/BH-200 KW-36/KF-300A	KW-36/KF-70
日鉄溶接工業		Y-DL/NF-900S	Y-D/YF-38	

種　　　　　類	S502-H	S502-H	S502-H	S502-H
対　応　鋼　種	軟鋼, HT490	軟鋼, HT490	軟鋼, HT490	軟鋼, HT490
ワイヤ／フラックス	M1/SACB1	M1/SACG1	M1/SACI1	M1/SFAR1
JKW		KW-55/KB-156		

種　　　　　類	S502-H	S502-H	S502-H	S502-H
対　応　鋼　種	軟鋼, HT490	軟鋼, HT490	軟鋼, HT490	軟鋼, HT490
ワイヤ／フラックス	M1/SFCS1	M4/SFCS1	M4/SFZ1	-/-
日鉄溶接工業		Y-CMS/NF-80		
廣泰金属日本				KW-3/KF-550 KW-1/KF-990 KW-3/KF-990
中鋼焊材				GS12K/GA86

種　　　　　類	S50J2-H	S50J2-H	S50J2-H	S50J2-H
対　応　鋼　種	軟鋼, HT490	軟鋼, HT490	軟鋼, HT490	軟鋼, HT490
ワイヤ／フラックス	S3/SAAB1	S5/SAAB1	S5/SAFB1	S6/SFMS1
日鉄溶接工業				Y-D/YF-15A
廣泰金属日本			KW-12KH/KF-880	
天泰銲材工業	TSW-12KM/TF-565	TSW-12KH/TF-510 TSW-12KH/TF-650	TSW-12KH/TF-21T	

種　　　　　類	S50J2-H	S50J2-H	S50J2-H	S531-H
対　応　鋼　種	軟鋼, HT490	軟鋼, HT490	軟鋼, HT490	軟鋼, HT490, HT520
ワイヤ／フラックス	S6/SFZ1	M4/SFZ1	S6/SFCS1	M1/SFMS1
JKW				KW-55/BH-200
日鉄溶接工業	Y-D/YF-15 Y-D・PX/YF-15	Y-CM/YF-15	Y-D/NF-900S	

炭素鋼及び低合金鋼用サブマージアーク溶接ワイヤ/フラックス

JIS Z 3183：2012

種　　　類	S532-H	S532-H	S532-H	S532-H
対　応　鋼　種	HT520	軟鋼, HT490	軟鋼, HT490	軟鋼, HT490
ワイヤ／フラックス	S5/SAAB1	S6/SACB-I1	S6/SAZ1	S6/SFAR1
日鉄溶接工業		Y-DL/NB-60	Y-DL/NSH-53Z	Y-D/NF-1 Y-E/NF-1
天秦銲材工業	TSW-12KH/TF-565			

種　　　類	S532-H	S532-H	S532-H	S532-H
対　応　鋼　種	軟鋼, HT490	軟鋼, HT490	軟鋼, HT490	軟鋼, HT490
ワイヤ／フラックス	S6/SFCS1	S6/SFMS1	M1/SFCS1	M1/SAZ1
JKW		KW-36/BH-300		
日鉄溶接工業	Y-DS/NF-100	Y-D/NF-810 Y-DL/NF-810 Y-D/NF-820 Y-D・PX/NF-820	Y-DM3/YF-15B Y-DM3・PX/YF-15B	Y-DL・HF/NSH-53HF

種　　　類	S532-H	S532-H	S532-H	S581-H
対　応　鋼　種	軟鋼, HT490	軟鋼, HT490,HT520	軟鋼, HT490, HT520	HT570
ワイヤ／フラックス	－/－	S6/SACG-I1	M1/SACG1	M4/SFMS1
神戸製鋼		US-36L/PF-I53ES		US-49/MF-63
JKW		KW-55/KB-55I KW-55/KB-55IM	KW-55/KB-U	
日鉄溶接工業				Y-CMS/YF-800
中鋼焊材	GS14/GA60 GS14/GA78			

種　　　類	S581-H	S582-H	S582-H	S582-H
対　応　鋼　種	HT570	軟鋼, HT570	HT550, HT570	HT570
ワイヤ／フラックス	M5/SFMS1	M1/SACI1	M1/SACG1	M5/SFMS1
JKW		KW-55/KB-58I	KW-55/KB-55U KW-55/KB-58U	
日鉄溶接工業	Y-DM/NF-820			Y-DM・PX/NF-820

種　　　類	S582-H	S582-H	S58J2-H	S58J2-H
対　応　鋼　種	HT570	HT570	軟鋼, HT490	HT570
ワイヤ／フラックス	S6/SAZ1	S6/SACG-I1	M1/SFAR1	M3/SAAB1
日鉄溶接工業	Y-DL/NSH-60S	Y-D/NSH-60 Y-DL/NSH-60	Y-DM3/NF-1	
天秦銲材工業				TSW-E12/TF-565

炭素鋼及び低合金鋼用サブマージアーク溶接ワイヤ/フラックス

JIS Z 3183:2012

種　　　　　類	S58J2-H	S58J2-H	S583-H	S584-H
対　応　鋼　種	HT570	HT570	HT570	軟鋼・HT570
ワイヤ／フラックス	M4/SFCS1	M5/SFCS1	M4/SFCS1	M5/SAAB1
神戸製鋼		US-58J/MF-38	US-49/G-80	
キスウェル				KD-60/EF-100H
日鉄溶接工業	Y-CMS/NF-100			

種　　　　　類	S584-H	S584-H	S584-H	S584-H
対　応　鋼　種	HT570	HT570	HT570	HT570
ワイヤ／フラックス	M1/SACG1	M3/SAAB1	M4/SFCS1	M4/SFMS1
神戸製鋼			US-49/MF-38	
JKW	KW-55/KB-110			
天泰銲材工業		TSW-E41/TF21T		

種　　　　　類	S584-H	S584-H	S621-H1	S622-H2
対　応　鋼　種	HT570	HT570	HT610	HT610
ワイヤ／フラックス	N2/SAZ1	-/-	M1/SAZ1	M5/SFMS
日鉄溶接工業			Y-DM3L/NSH-60S	Y-DM/NF-830
廣泰金属日本		KF-990/KW-9		
中鋼焊材		GS80A2/GA60		

種　　　　　類	S622-H4	S622-H4	S624-H1	S624-H3
対　応　鋼　種	HT610	HT610	HT610	HT610
ワイヤ／フラックス	NM1/SACG1	NM1/SACI1	M5/SFCS1	M5/SFCS1
神戸製鋼			US-40/MF-38	
JKW	KW-101B/KB-U	KW-101B/KB-55I		
日鉄溶接工業				Y-DMS/NF-100

種　　　　　類	S624-H3	S624-H4	S624-H4	S624-H4
対　応　鋼　種	HT610	HT610	HT610	HT610
ワイヤ／フラックス	NM1/SACG1	M1/SACG-I1	M4/SACI1	M4/SAZ1
JKW	KW-101B/KB-110			
日鉄溶接工業		Y-DM3L/NSH-60		Y-CMS/NSH-53Z

種　　　　　類	S624-H4	S624-H4	S624-H4	S704-H4
対　応　鋼　種	HT610	HT610	HT610	HT690
ワイヤ／フラックス	M5/SFAR1	M5/SFCS1	NM1/SACI1	NCM1/SFCS1
JKW			KW-101B/KB-55IM	
日鉄溶接工業	Y-DM/NF-320 Y-DM/NF-1	Y-DM/YF-15B Y-DM・PX/YF-15B		

炭素鋼及び低合金鋼用サブマージアーク溶接ワイヤ/フラックス

種　　　　　類	S804-H4	S804-H4	S804-H4	S804-H4
対　応　鋼　種	HT780	HT780	HT780	HT780
ワイヤ／フラックス	CM4/SACB1	NCM3/SAAB1	NCM3/SACG1	NCM3/SFCS1
神戸製鋼	US-80BN/PF-H80AK			
日鉄溶接工業		Y-80M/NB-250H		

種　　　　　類	S804-H4	S80J4-H4	S572-M	S641-1CM
対　応　鋼　種	HT780	HT780	0.5Mo鋼	1.25Cr-0.5Mo鋼
ワイヤ／フラックス	NCM4/SAABI	NCM4/SACG1	M5/SFAR1	1CM1/SFCS1
神戸製鋼				US-511/G-80 US-511/MF-29A
日鉄溶接工業	Y-80J/NB-250J	Y-80/NB-80		

種　　　　　類	S642-1CM	S642-1CM	S642-1CM	S642-1CM
対　応　鋼　種	1.25Cr-0.5Mo鋼	1.25Cr-0.5Mo鋼	1.25Cr-0.5Mo鋼	1.25Cr-0.5Mo鋼
ワイヤ／フラックス	1CM1/SACG1	1CM1/SFCG1	1CM1/SFCS1	1CM1/SFZ1
神戸製鋼		US-511N/PF-200		
日鉄溶接工業	W-CM1/B-1CM		Y-511/NF-250	

種　　　　　類	S571-2CM	S572-2CM	S572-2CM	S642-2CM
対　応　鋼　種	2.25Cr-1.0Mo鋼	2.25Cr-1.0Mo鋼	2.25Cr-1.0Mo鋼	2.25Cr-1.0Mo鋼
ワイヤ／フラックス	2CM1/SFCS1	2CM1/SFCS1	2CM1/SFZ1	2CM1/SACG1
神戸製鋼	US-521/G-80 US-521/MF-29A			
日鉄溶接工業				W-CM201/B-2CM

種　　　　　類	S642-2CM	S642-2CM	S642-2CM	S642-3CM
対　応　鋼　種	2.25Cr-1.0Mo鋼	2.25Cr-1.0Mo鋼	2.25Cr-1.0Mo鋼	3.0Cr-1.0Mo鋼
ワイヤ／フラックス	2CM1/SACS1	2CM1/SFZ1	2CM2/SACG1	3CM1/SAFB1
神戸製鋼			US-521S/PF-200	
日鉄溶接工業	Y-521H/NB-250M			

種　　　　　類	S502-5CM	S502-5CM	S642-MN	S642-MN
対　応　鋼　種	5.0Cr-0.5Mo鋼	5.0Cr-0.5Mo鋼	Mn-Mo-Ni鋼	Mn-Mo-Ni鋼
ワイヤ／フラックス	5CM1/SACG1	5CM1/SFCS1	NCM1/SACG1	NCM1/SFCS1
神戸製鋼	US-502/PF-200S	US-502/MF-29A	US-63S/PF-200	US-63S/MF-29AX

－ 106 －

炭素鋼及び低合金鋼用サブマージアーク溶接ワイヤ/フラックス

JIS Z 3183:2012

種　　　　　類	S642-MN	S642-MN	S642-MN	その他
対　応　鋼　種	Mn-Mo-Ni鋼	Mn-Mo-Ni鋼	Mn-Mo-Ni鋼	2.25Cr-1Mo-V鋼
ワイヤ／フラックス	NM1/SACG1	NM1/SFCS1	NM1/SFZ1	その他/SACG1
神戸製鋼	US-56B/PF-200	US-56B/MF-27		US-521H/PF-500
日鉄溶接工業		Y-204/NF-250		

種　　　　　類	その他	その他	S501-AW1	S502-AP1
対　応　鋼　種	9Cr-1Mo-Nb-V鋼	9Cr-Mo-Nb-V-W鋼	耐候性鋼	耐候性鋼
ワイヤ／フラックス	その他/SACG1	その他/SAFB1	CuC2/SFMS1	CuC1/SFCS1
神戸製鋼	US-9Cb/PF-200S US-90B91/PF-90B91	US-92W/PF-92WD	US-W52B/MF-53	

種　　　　　類	S502-AW1	S502-AW1	S502-AW1	S502-AW1
対　応　鋼　種	耐候性鋼	耐候性鋼	耐候性鋼	耐候性鋼
ワイヤ／フラックス	CuC2/SFAR1	CuC2/SFCS1	CuC2/SACG1	CuC2/SFMS1
神戸製鋼		US-W52B/MF-38		US-W52B/MF-38A
JKW			KW-50E/KB-U	KW-50E/BH-200 KW-50E/KF-300A

種　　　　　類	S50J2-AW1	S50J2-AW1	S50J2-AW1	S50J2-AW1
対　応　鋼　種	耐候性鋼	耐候性鋼	耐候性鋼	耐候性鋼
ワイヤ／フラックス	CuC2/SFMS1	CuC2/SFAR1	CuC2/SFCS1	CuC2/SFZ1
神戸製鋼			US-W52BJ/MF-38	
日鉄溶接工業	Y-CNCW/NF-820	Y-CNCW/NF-320	Y-CNCW/YF-15B	Y-CNCW/NF-310

種　　　　　類	S581-AW1	S581-AW1	S582-AW1	S582-AW1
対　応　鋼　種	耐候性鋼	耐候性鋼	耐候性鋼	耐候性鋼
ワイヤ／フラックス	CuC3/SFMS1	CuC2/SFMS1	CuC3/SFCS1	CuC2/SFMS1
神戸製鋼	US-W62B/MF-63		US-W62B/MF-38	
日鉄溶接工業				Y-60W/NF-820

種　　　　　類	S582-AW1	S58J2-AW1	S58J2-AW1	S58J2-AW1
対　応　鋼　種	耐候性鋼	耐候性鋼	耐候性鋼	耐候性鋼
ワイヤ／フラックス	CuC2/SFCS1	CuC2/SFCS1	CuC2/SFAR1	CuC3/SFCS1
神戸製鋼				US-W62BJ/MF-38
JKW	KW-60E/KF-350			
日鉄溶接工業		Y-60W/YF-15B	Y-60W/NF-320	

炭素鋼及び低合金鋼用サブマージアーク溶接ワイヤ/フラックス

JIS Z 3183:2012

種　　　　類	その他
対　応　鋼　種	耐候性鋼
ワ イ ヤ ／ フ ラ ッ ク ス	-/-
神戸製鋼	US-50WT/MF-38
	US-50WT/MF-38A
	US-50WT/MF-53
	US-W52CL/MF-38
	US-W52CL/MF-38A
	US-W52CL/MF-53
	US-W52CLB/MF-38
	US-W52CLB/MF-38A
	US-W52CLB/MF-53

JIS Z 3183:1993

種　　　　類	S501-H	S502-H	S584-H	その他
対　応　鋼　種	軟鋼,HT490	軟鋼,HT490	HT570	軟鋼,HT490
ワ イ ヤ ／ フ ラ ッ ク ス	-/-	-/-	-/-	-/-
キスウェル		KD-50/EF-100		
		KD-50/EF-100H		
		KD-50/EF-200V		
		KD-42/EF-100S		
現代綜合金属	H-14/S-777MXT	H-14/S-705EF	A-3/S-777MXH	M-12K/S-800P
		H-14/S-707T		H-14/S-800P
		H-14/S-707TP		A-G/S-800P
		H-14/S-737		A-3/S-800P
		H-14/S-777MX		
		H-14/S-777MXH		
		H-14/S-777MXT		
		H-14/S-787TB		
		H-14/Superflux55ULT		
		H-14/Superflux787		
		H-14L/Superflux787		
		L8/S-707		
		L-8/S-727		
		L-8/Superflux70H		
		L-12/S-727		
		M-12K/S-717		
		M-12K/S-800WT		
		M-12K/Superflux 800T		

低温用鋼用サブマージアーク溶接ワイヤ／フラックス

種　　　　　類	HT490級	HT490級	HT550級	HT610級
フラックスのタイプ	溶融型	ボンド型	ボンド型	ボンド型
神戸製鋼	US-49A/MF-33H US-49A/MF-38	US-36/PF-H55LT US-36LT/PF-100H US-49A/PF-H55S		US-255/PF-H55S
JKW				KW-101B/KB-110
日鉄溶接工業	Y-D/NF-310 Y-DM/NF-310 Y-DM3/NF-310 Y-E/NF-310	Y-C/NB-55L Y-CM/NB-55E Y-CMS/NB-55 Y-D/NB-55E Y-D/NB-55L Y-D/NX-300 Y-DM/NB-55E Y-DM3/NB-55E Y-DS/NB-55		Y-204B/NB-250H Y-DM3/NB-60L Y-DMS/NB-55
リンカーンエレクトリック		L-S3/8500 L-S3/MIL800-H L-S3/P223 LA-71/880M LA-75/MIL800-H LA-75/888 LA-75/880 LAC-Ni2/880M	LA-85/8500 LA-85/MIL800-H LAC-Ni2/888	LA-84/888 LA-100/880M
天秦鉾材工業		TSW-12KH/TF-510 TSW-12KH/TF-650 TSW-12KH/TF-21	TSW-12KH/TF-510 TSW-12KH/TF-650 TSW-E12/TF-21T	TSW-E41/TF-650 TSW-E41/TF-21T

種　　　　　類	HT690級	HT780級	HT830級	3.5Ni
フラックスのタイプ	ボンド型	ボンド型	ボンド型	ボンド型
神戸製鋼		US-80LT/PF-H80AK		US-203E/PF-H203
日鉄溶接工業	Y-70M/NB-250H	Y-80/NB-80 Y-80M/NB-250H		LT-3N/NB-3N
リンカーンエレクトリック	LA-82/888	LAC-M2/880M	LAC-M2/888	

9%ニッケル鋼用サブマージアーク溶接ソリッドワイヤ／フラックス

JIS Z 3333:1999

種　　　　類	YS9Ni/FS9Ni-F	YS9Ni/FS9Ni-H
フラックスのタイプ	ボンド型	ボンド型
神戸製鋼	US-709S/PF-N3	US-709S/PF-N4
日鉄溶接工業		NITTETSU FILLER 196/ NITTETSU FLUX 10H
リンカーンエレクトリック		LNS NiCro 60/20/ P2000 LNS NiCroMo 60/16/ P2000 LNS NiCroMo 59/23/ P2000
METRODE (リンカーンエレクトリック)		62-50/NiCr
Böhler Welding		Thermanit Nimo C276 /Marathon 104
現代綜合金属		SA-081/SNi2

ステンレス鋼サブマージアーク溶接ソリッドワイヤ／フラックス

ソリッドワイヤ

JIS Z 3321:2010

種　　　　類	YS308	YS308H	YS308N2	YS308L
成　分　系	-	-	-	-
神戸製鋼	US-308			US-308L
タセト	UW308	UW308H		UW308L
特殊電極				U-308L
日鉄溶接工業	Y-308			Y-308L
日本ウエルディング・ロッド	WEL SUB 308	WEL SUB 308HTS	WEL SUB 308N2	WEL SUB 308L WEL SUB 308LA WEL SUB 308ULC
リンカーンエレクトリック				Lincolnweld 308/308L LNS 304L
METRODE (リンカーンエレクトリック)				308S92
Böhler Welding				Thermanit JE-308L Böhler EAS 2-UP(LF)
キスウェル	M-308			M-308L
現代綜合金属	YS-308			YS-308L
世亞エサブ	SMP-S308			SMP-S308L

種　　　　類	YS309	YS309L	YS309Mo	YS309LMo
成　分　系	-	-	-	-
神戸製鋼	US-309	US-309L		
タセト	UW309	UW309L	UW309Mo UW309MoL	
特殊電極	U-309			
日鉄溶接工業	Y-309	Y-309L		
日本ウエルディング・ロッド	WEL SUB 309	WEL SUB 309L	WEL SUB 309Mo	WEL SUB 309MoL
リンカーンエレクトリック		Lincolnweld 309/309L LNS 309L		
METRODE (リンカーンエレクトリック)		309S92	ER309Mo	
Böhler Welding		Thermanit 25/14 E-309L		
キスウェル	M-309	M-309L		M-309LMo
現代綜合金属	YS-309	YS-309L		
世亞エサブ	SMP-S309	SMP-S309L		

種　　　　類	YS310	YS312	YS316	YS316L
成　分　系	-	-	-	-
神戸製鋼			US-316	US-316L
タセト			UW316	UW316L
日鉄溶接工業				Y-316L
日本ウエルディング・ロッド	WEL SUB 310	WEL SUB 312	WEL SUB 316	WEL SUB 316L WEL SUB 316ULC WEL SUB 316L-1

ステンレス鋼サブマージアーク溶接ソリッドワイヤ/フラックス

JIS Z 3321:2021

種　　　　類	YS310	YS312	YS316	YS316L
成　　分　　系	－	－	－	－
リンカーンエレクトリック				Lincolnweld 316/316L LNS 316L
METRODE (リンカーンエレクトリック)	310S94			316S92 ER316LCF
Böhler Welding				Thermanit GE-316L
キスウェル			M-316	M-316L
現代綜合金属			YS-316	YS-316L
世亞エサブ			SMP-S316	SMP-S316L

種　　　　類	YS316LCu	YS317L	YS318	YS320LR
成　　分　　系	－	－	－	－
神戸製鋼		US-317L		
タセト		UW317L		
日本ウエルディング・ロッド	WEL SUB 316CuL	WEL SUB 317L	WEL SUB 318	WEL SUB 320LR
Böhler Welding		Avesta 317L	Thermanit A	
キスウェル		M-317L		

種　　　　類	YS329J4L	YS347	YS347L	YS16-8-2
成　　分　　系	－	－	－	－
タセト		UW347		
日鉄溶接工業		Y-347		
日本ウエルディング・ロッド	WEL SUB 329J4L	WEL SUB 347	WEL SUB 347L	WEL SUB 16-8-2
METRODE (リンカーンエレクトリック)		ER347H		ER16.8.2
Böhler Welding		Thermanit H 347		
キスウェル		M-347		

種　　　　類	YS2209	YS410	YS430	YS630
成　　分　　系	－	－	－	－
タセト	UW329J3L			
日鉄溶接工業		Y-410		
日本ウエルディング・ロッド	WEL SUB 329J3L	WEL SUB 410 WEL SUB 410L	WEL SUB 430	WEL SUB 630
Böhler Welding	Thermanit 22/09			
キスウェル	M-2209			

ステンレス鋼サブマージアーク溶接ソリッドワイヤ/フラックス

JIS Z 3321:2021

種　　　　　類	その他
成　　分　　系	－
神戸製鋼	US-2209
日鉄溶接工業	Y-170
	Y-304N
	Y-DP3
	Y-DP8
日本ウエルディング・ロッド	WEL SUB 25-5
	WEL SUB 25-5Cu
	WEL SUB 308LN
	WEL SUB 316LN
	WEL SUB 317LN
	WEL SUB 410H
	WEL SUB AH-4
リンカーンエレクトリック	LNS 4455
	LNS 4462
	LNS 4500
	LNS Zeron 100X
METRODE	308S96
（リンカーンエレクトリック）	316S96
	ER329N
	Zeron 100X
Böhler Welding	Thermanit 25/09 CuT
	Avesta 2507/P100 CuW
	Avesta 2304
	Avesta LDX 2101
	Böhler CN 13/4-UP
	Thermanit 20/25 Cu

フラックス

JIS Z 3352:2010

種　　　　　類	SACS2	SAZ2	SACG2	SAAB2	SAAB2
フ ラ ッ ク ス の タ イ プ	ボンド型	ボンド型	ボンド型	ボンド型	ボンド型
神戸製鋼	PF-S1				
	PF-S1M				
タセト	TUF300				
	TUF300S				
特殊電極	Bond-S1				
	Bond-S2				
日鉄溶接工業		BF-30	BF-24		
		BF-300M			
		BF-300F			
		BF-350			
日本ウエルディング・ロッド		WEL SUB F-6			
		WEL SUB F-6-1			
		WEL SUB F-6M			
		WEL SUB F-6Mo			
		WEL SUB F-6NB			
		WEL SUB F-6UC			
		WEL SUB F-630			
		WEL SUB F-7			
		WEL SUB F-7MD			
		WEL SUB F-8			
		WEL SUB F-8A			
		WEL SUB F-8H			
		WEL SUB F-8M			
		WEL SUB F-8T			
		WEL SUB F-8UC			
		WEL SUB F-2RM2			
		WEL SUB F-25			
		WEL SUB F-26			
		WEL SUB F-32R			
		WEL SUB F-12			
		WEL SUB F-13			
		WEL SUB F-14			
		WEL SUB F-17			
		WEL SUB F-18			
		WEL SUB F-6N			
		WEL SUB F-8N			
		WEL SUB F-8N2			
		WEL SUB F-25-1			
		WEL SUB F-AH-4			
		WEL BND F-6			
		WEL BND F-7			
		WEL BND F-8			
		WEL BND F-8LF			
		WEL BND F-82			

ステンレス鋼サブマージアーク溶接ソリッドワイヤ/フラックス

JIS Z 3352:2010

種　　　　　類	SAFB2	SACS2	SAAF2
フ ラ ッ ク ス の タ イ プ	ボンド型	ボンド型	ボンド型
リンカーンエレクトリック			P2000 P2000S P2007
Böhler Welding	Marathon 104 Marathon 431 Böhler BB 203 Avesta Flux 805	Marathon 213	
キスウェル			EF-300N

種　　　　　類	その他
フ ラ ッ ク ス の タ イ プ	－
リンカーンエレクトリック	P7000 Lincolnweld P2007 Lincolnweld P4000 Lincolnweld ST-100
METRODE (リンカーンエレクトリック)	SSB LA491
現代綜合金属	Superflux 300S

溶着金属

JIS Z 3324:2010

種 類	YWS308	YWS308L	YWS309	YWS309L
フラックスのタイプ	ボンド型	ボンド型	ボンド型	ボンド型
組 合 せ	ワイヤ／フラックス	ワイヤ／フラックス	ワイヤ／フラックス	ワイヤ／フラックス
神戸製鋼	US-308/PF-S1	US-308L/PF-S1	US-309/PF-S1	US-309L/PF-S1
タセト	UW308/TUF300	UW308L/TUF300		
特殊電極		U-308L/Bond-S1	U-309/Bond-S2	
日鉄溶接工業	Y-308/BF-300M Y-308/BF-350	Y-308L/BF-300M Y-308L/BF-350	Y-309/BF-300M	Y-309L/BF-300M
日本ウエルディング・ロッド	WEL SUB 308/WEL SUB F-8 WEL SUB 308HTS/WEL SUB F-8H WEL SUB 308/WEL SUB F-8T	WEL SUB 308L/WEL SUB F-8 WEL SUB 308LA/WEL SUB F-8A WEL SUB 308ULC/WEL SUB F-8 WEL SUB 308ULC/WEL SUB F-8UC WEL SUB 308L/WEL SUB F-8T	WEL SUB 309/WEL SUB F-8	WEL SUB 309L/WEL SUB F-8
リンカーンエレクトリック		Lincolnweld 308/308L/Lincolnweld P2007		Lincolnweld 309/309L/Lincolnweld P2007
METRODE (リンカーンエレクトリック)		308S92/SSB		309S92/SSB
Böhler Welding		Thermanit JE-308L/Marathon 431 Böhler EAS 2-UP(LF)/BB203		Thermanit 25/14 E-309L/Marathon 213
キスウェル	M-308/EF-300N	M-308L/EF-300N	M-309/EF-300N	M-309L/EF-300N
現代綜合金属	YS-308/Superflux 300S	YS-308L/Superflux 300S	YS-309/Superflux 300S	YS-309L/Superflux 300S

種 類	YWS309Mo	YWS310	YWS312	YWS16-8-2
フラックスのタイプ	ボンド型	ボンド型	ボンド型	ボンド型
組 合 せ	ワイヤ／フラックス	ワイヤ／フラックス	ワイヤ／フラックス	ワイヤ／フラックス
日本ウエルディング・ロッド	WEL SUB 309Mo/WEL SUB F-6 WEL SUB 309MoL/WEL SUB F-6		WEL SUB 312/WEL SUB F-8	WEL SUB 16-8-2/WEL SUB F-6

種 類	YWS316	YWS316L	YWS316LCu	YWS317
フラックスのタイプ	ボンド型	ボンド型	ボンド型	ボンド型
組 合 せ	ワイヤ／フラックス	ワイヤ／フラックス	ワイヤ／フラックス	ワイヤ／フラックス
神戸製鋼	US-316/PF-S1M	US-316L/PF-S1M		
タセト	UW316/TUF300	UW316L/TUF300		
日鉄溶接工業	Y-316/BF-300F Y-316/BF-300M	Y-316L/BF-300F Y-316L/BF-300M		

ステンレス鋼サブマージアーク溶接ソリッドワイヤ/フラックス

JIS Z 3324:2010

種 類	YWS316	YWS316L	YWS316LCu	YWS317
フラックスのタイプ	ボンド型	ボンド型	ボンド型	ボンド型
組 合 せ	ワイヤ/フラックス	ワイヤ/フラックス	ワイヤ/フラックス	ワイヤ/フラックス
日本ウエルディング・ロッド	WEL SUB 316/WEL SUB F-6	WEL SUB 316L/WEL SUB F-6 WEL SUB 316ULC/ WEL SUB F-6 WEL SUB 316ULC/ WEL SUB F-6UC WEL SUB 316L-1/ WEL SUB F-6-1	WEL SUB 316CuL/ WEL SUB F-6	
リンカーンエレクトリック		Lincolnweld 316/316L/ Lincolnweld P2007		
METRODE (リンカーンエレクトリック)		316S92/SSB		
Böhler Welding		Thermanit GE-316L/ Marathon 213		
キスウェル	M-316/EF-300N	M-316L/EF-300N		
現代綜合金属	YS-316/Superflux 300S	YS-316L/Superflul 300S		

種 類	YWS317L	YWS347	YWS347L	YWS410
フラックスのタイプ	ボンド型	ボンド型	ボンド型	ボンド型
組 合 せ	ワイヤ/フラックス	ワイヤ/フラックス	ワイヤ/フラックス	ワイヤ/フラックス
神戸製鋼	US-317L/PF-S1			
タセト		UW347/TUF300S		
日鉄溶接工業		Y-347/BF-300M		Y-410/BF-300M
日本ウエルディング・ロッド	WEL SUB 317L/WEL SUB F-6	WEL SUB 347/WEL SUB F-7	WEL SUB 347L/WEL SUB F-7	WEL SUB 410/WEL SUB F-8
Böhler Welding	Avesta 317L/Avesta Flux 805	Thermanit H347/ Marathon 431		

種 類	YWS430	その他
フラックスのタイプ	ボンド型	ボンド型
組 合 せ	ワイヤ/フラックス	ワイヤ/フラックス
タセト		UW329J3L/TUF300S
ナイス		SMS630/FSM6300S
日鉄溶接工業		Y-170/BF-300M Y-304N/BF-304M Y-304N/BF-308N2 Y-309/BF-300F Y-316L/BF-350 Y-DP3/BF-30 Y-DP8/BF-30

JIS Z 3324:2010

種　　　類	YWS430	その他
フラックスのタイプ	ボンド型	ボンド型
組　　合　　せ	ワイヤ／フラックス	ワイヤ／フラックス
日本ウエルディング・ロッド	WEL SUB 430/WEL SUB F-8	WEL SUB 630/WEL SUB F-630
		WEL SUB 25-5/WEL SUB F-25
		WEL SUB 25-5Cu/ WEL SUB F-25
		WEL SUB 308/WEL SUB F-8M
		WEL SUB 308L/WEL SUB F-8M
		WEL SUB 309/WEL SUB F-8M
		WEL SUB 309L/WEL SUB F-8M
		WEL SUB 309Mo/WEL SUB F-6M
		WEL SUB 309MoL/ WEL SUB F-6M
		WEL SUB 316/WEL SUB F-6M

ステンレス鋼サブマージアーク溶接ソリッドワイヤ/フラックス

JIS Z 3324:2010

種　　　　類	その他
フ ラ ッ ク ス の タ イ プ	ボンド型
組　　合　　せ	ワイヤ／フラックス
日本ウエルディング・ロッド	WEL SUB 316L/WEL SUB F-6M
	WEL SUB 316CuL/ WEL SUB F-6M
	WEL SUB 317L/WEL SUB F-6M
	WEL SUB 329J3L/ WEL SUB F-25
	WEL SUB 329J4L/ WEL SUB F-26
	WEL SUB 310/WEL SUB F-7MD
	WEL SUB 410L/WEL SUB F-2RM2
	WEL SUB 410M/WEL SUB F-8
	WEL SUB 318/WEL SUB F-6NB
	WEL SUB 320LR/WEL SUB F-32R
	WEL SUB 316N/WEL SUB F-6N
	WEL SUB 316LN/WEL SUB F-6N
	WEL SUB 317LN/WEL SUB F-6N
	WEL SUB 308N/WEL SUB F-8N
	WEL SUB 308LN/WEL SUB F-8N
	WEL SUB 308N2/WEL SUB F-8N2
	WEL SUB 329J3L/ WEL SUB F-25-1
	WEL SUB AH-4/WEL SUB F-AH-4
	WEL SUB 16-8-2/ WEL SUB F-6M

種　　　　類	その他
フ ラ ッ ク ス の タ イ プ	ボンド型
組　　合　　せ	ワイヤ／フラックス
Böhler Welding	Avesta 2205/Avesta Flux 805
	Avesta 2507/P100 CuW/Avesta Flux 805
	Avesta 2304/Avesta Flux 805
	Avesta LDX 2101/ Avesta Flux 805
	Thermanit 13/04/ Marathon 104
	Böhler CN 13/4-UP/ BB203
	Thermanit 20/25 Cu/ Marathon 104

ステンレス鋼帯状電極肉盛溶接材料

JIS Z 3322:2010

種　　　　類	YBS308-F	YBS316-F	YBS347-F	その他
種　別　（積　層）	単層肉盛用	単層肉盛用	単層肉盛用	単層肉盛用
組　　合　　せ	フープ/フラックス	フープ/フラックス	フープ/フラックス	フープ/フラックス
神戸製鋼	US-B309L/MF-B3 US-B309L/PF-B1 US-B309L/PF-B7FK	US-B316EL/PF-B7	US-B347LD/PF-B7	
日本ウエルディング・ロッド	WEL ESS 309L/WEL BND F-8 WEL ESS 309SJ/WEL ESB F-1S	WEL ESS 316LJ/WEL ESB F-6M	WEL ESS 347SJ/WEL ESB F-7M WEL ESS 309NbL/WEL ESB F-1S WEL ESS 309NbL-HS/WEL ESB F-1S	
Böhler Welding	Soudotape 309L/Record EST 122 Soudotape 308L/Record EST 308-1	Soudotape 316L/Record EST 316-1 Soudotape 21.13.3L/Record EST 122	Soudotape 24.12.LNb/Record EST 316 Soudotape 347/Record EST 347-1	Soudotape 430/Record EST 122
天秦銲材工業		ML-305/TBD-309LMo	ML-305HS/TBD-309LNbM ML-305/TBD-309LNb	

種　　　　類	YBS308-D		YBS308L-D	
種　別　（積　層）	多層用(1層目)	多層用(2層目)	多層用(1層目)	多層用(2層目)
組　　合　　せ	フープ/フラックス	フープ/フラックス	フープ/フラックス	フープ/フラックス
神戸製鋼	US-B309L/PF-B1	US-B308L/PF-B1	US-B309L/MF-B3 US-B309L/PF-B7FK	US-B308L/MF-B3 US-B308L/PF-B7FK
日本ウエルディング・ロッド	WEL ESS 309L/WEL BND F-8 WEL ESS 309SJ/WEL ESB F-1S	WEL ESS 308L/WEL BND F-8 WEL ESS 308LJ/WEL ESB F-1S	WEL ESS 309L/WEL BND F-8 WEL ESS 309SJ/WEL ESB F-1S	WEL ESS 308L/WEL BND F-8 WEL ESS 308LJ/WEL ESB F-1S
Böhler Welding	Soudotape 309L/Record EST 136	Soudotape 308L/Record EST 136	Soudotape 309L/Record EST 136	Soudotape 308L/Record EST 136

種　　　　類	YBS316-D		YBS316L-D	
種　別　（積　層）	多層用(1層目)	多層用(2層目)	多層用(1層目)	多層用(2層目)
組　　合　　せ	フープ/フラックス	フープ/フラックス	フープ/フラックス	フープ/フラックス
神戸製鋼			US-B309L/MF-B3 US-B309L/PF-B7FK	US-B316EL/MF-B3 US-B316EL/PF-B7FK
日本ウエルディング・ロッド	WEL ESS 309L/WEL BND F-8 WEL ESS 309SJ/WEL ESB F-1S	WEL ESS 316L/WEL BND F-6 WEL ESS 316LJ/WEL ESB F-1S	WEL ESS 309L/WEL BND F-8 WEL ESS 309SJ/WEL ESB F-1S	WEL ESS 316L/WEL BND F-6 WEL ESS 316LJ/WEL ESB F-1S
Böhler Welding	Soudotape 309L/Record EST 136	Soudotape 316L/Record EST 136	Soudotape 309L/Record EST 136	Soudotape 316L/Record EST 136

ステンレス鋼帯状電極肉盛溶接材料

JIS Z 3322:2010

種　　　　類	YBS347-D		YBS347L-D	
種　別　（積　層）	多層用(1層目)	多層用(2層目)	多層用(1層目)	多層用(2層目)
組　　合　　せ	フープ／フラックス	フープ／フラックス	フープ／フラックス	フープ／フラックス
神戸製鋼	US-B309L/PF-B1	US-B347LD/PF-B1FK		
	US-B309LCb/PF-B7FK	US-B347LD/PF-B7FK		
日本ウエルディング・ロッド	WEL ESS 309L/WEL BND F-8	WEL ESS 347L/WEL BND F-7	WEL ESS 309L/WEL BND F-8	WEL ESS 347L/WEL BND F-7
	WEL ESS 309SJ/WEL ESB F-1S	WEL ESS 347SJ/WEL ESB F-1S	WEL ESS 309SJ/WEL ESB F-1S	WEL ESS 347SJ/WEL ESB F-1S
Böhler Welding	Soudotape 309L/ Record EST 122	Soudotape 347/ Record EST 122	Soudotape 309L/ Record EST 122	Soudotape 347/ Record EST 122

種　　　　類	その他	
種　別　（積　層）	多層用(1層目)	多層用(2層目)
組　　合　　せ	フープ／フラックス	フープ／フラックス
神戸製鋼	US-B309L/PF-B7FK	US-B316MF/PF-B7FK
	US-B430/PF-B4	US-B410/PF-B4
Böhler Welding	Soudotape 310MM/ Record EST 122	Soudotape 310MM/ Record EST 122
	Soudotape 22.6.3L/ Record EST 2584	Soudotape 22.6.3L/ Record EST 2584

エレクトロスラグ溶接用ワイヤ／フラックス

JIS Z 3353:2013

種　　　　　類	YES501-S/FES-CS	YES501-S/FES-Z	YES502-S/FES-CS	YES560-S/FES-CS
適　用　鋼　種	HT490級高張力鋼	HT490級高張力鋼	HT490級高張力鋼	HT520級高張力鋼
組　　合　　せ	ワイヤ／フラックス	ワイヤ／フラックス	ワイヤ／フラックス	ワイヤ／フラックス
神戸製鋼	ES-50/EF-38 ES-55/EF-38			ES-55ST/EF-38
JKW			KW-50C/KF-100	
日鉄溶接工業		YM-55S/YF-15I		

種　　　　　類	YES561-S/FES-CS	YES562-S/FES-CS	YES562-S/FES-Z	YES600-S/FES-CS
適　用　鋼　種	HT550級高張力鋼	HT550級高張力鋼	－	HT590級高張力鋼
組　　合　　せ	ワイヤ／フラックス	ワイヤ／フラックス	－/－	ワイヤ／フラックス
神戸製鋼	ES-56ST/EF-38			ES-60ST/EF-38
日鉄溶接工業			YM-55HF/YF-15I	

種　　　　　類	YES602-S/FES-CS	YES602/FES-Z
適　用　鋼　種	HT590級高張力鋼	HT590級高張力鋼
組　　合　　せ	ワイヤ／フラックス	ワイヤ／フラックス
JKW	KW-60AD/KF-100AD	
日鉄溶接工業		YM-60E/YF-15I YM-60HF/YF-15I

JIS Z 3353:1999

種　　　　　類	YES51/FS-FG3
適　用　鋼　種	HT490級高張力鋼
組　　合　　せ	ワイヤ／フラックス
廣泰金属日本	KW-6/KF-600
天秦銲材工業	TSW-50G/TF-600

エレクトロガスアーク溶接用フラックス入りワイヤ

JIS Z 3319:1999

種　　　　　類	YFEG-21C	YFEG-22C	YFEG-32C	YFEG-42C
適　用　鋼　種	軟鋼, HT490	軟鋼, HT490	HT610	低温用炭素鋼
組　　合　　せ	CO$_2$	CO$_2$	CO$_2$	CO$_2$
神戸製鋼		DW-S43G	DW-S60G	
日鉄溶接工業	EG-1		EG-60 EG-60K	
キスウェル	K-EG2	K-EG3		
現代綜合金属		SC-EG2 Cored		

種　　　　　類	その他	その他
適　用　鋼　種	低温用炭素鋼	タンデム施工
組　　合　　せ	CO$_2$	CO$_2$
神戸製鋼	DW-S1LG	DW-S50GTF DW-S50GTR

耐火鋼用溶接材料

溶　接　法	被覆アーク溶接	被覆アーク溶接	被覆アーク溶接	CO$_2$溶接
適　用　鋼　種	400-490MPa級耐火鋼	400-520MPa級耐火鋼	520MPa級耐火鋼	400-490MPa級耐火鋼
神戸製鋼		LB-490FR		DW-490FR
JKW				KC-490FR
日鉄溶接工業	L-50FR		L-53FR	

溶　接　法	CO$_2$溶接	マグ溶接	マグ溶接
適　用　鋼　種	400-520MPa級耐火鋼	400-490MPa級耐火鋼	400-520MPa級耐火鋼
神戸製鋼	MG-490FR		
JKW		KC-490FR	
日鉄溶接工業	YM-50FR SF-50FR SM-50FR		YM-50FRA

耐火鋼用溶接材料

溶　　　接　　　法	サブマージアーク溶接	サブマージアーク溶接
適　　用　　鋼　　種	400, 490MPa級耐火鋼	400-520MPa級耐火鋼
神戸製鋼	US-490FR/MF-53 （M4/SFMS1） US-490FR/MF-38 （M4/SFCS1）	
JKW	KW-490CFR/BH-200 （M4/SFMS1）	KW-490CFR/KB-55I （M4/SACI1） KW-490CFR/KB-U （M4/SACG1） KW-490CFR/BH-200 （M4/SFMS1）
日鉄溶接工業		Y-DL・FR/NB-52FRM （S6/SACI1） Y-D・FR/NF-100 （M1/SFCS1） Y-D・FR/NF-820FR （M1/SFMS1） Y-D・FR/NSH-53Z （M1/SAZ1） Y-D・FR/YF-15FR （M1/SFCS1） Y-D・FR/YF-800（M1/ SFMS1）

硬化肉盛用被覆アーク溶接棒

JIS Z 3251:2000

種　　　類	DF2A	DF2A	DF2B	DF2B
呼　び　硬　さ	300未満	300以上	300未満	300以上
神戸製鋼	HF-240	HF-260 HF-350 HF-450		HF-500 HF-600
四国溶材	シコクロードSH-250 シコクロードSHT-250	シコクロードSH-350 シコクロードSHT-350		シコクロードSH-500
新日本溶業	ハード204T ハード260 ハード280 ハード280T	ハード300 ハード330T	SCT-2	ハード350 ハード500 ハード600
ツルヤ工場	HT-200 HT-250			HT-360 HT-500
東海溶業	TM-1	TM-3 TM-350 TM-40 TMF-35		TM-5
特殊電極	LM-2 MMA MMB MMD	TH-350 TH-50 TH-450	PM-700	KM
特殊溶接棒	TH-25 TH-25R	TH-35R TH-50R		TH-35 TH-45 TH-50 TH-60
鳥谷溶接研究所	KH-240T KH-260	KH-300 KH-300T KH-350T		KH-350 KH-450 KH-500 KH-600
永岡鋼業	HW-250(220〜270) HW-280 HW-280R(250〜300)	HW-330(300〜350) HW-330R(320〜370)		HW-350(330〜380) HW-400(380〜450) HW-500M HW-550(500〜600)
ニツコー熔材工業	BKR-260 BKR-280(245〜285)	BK-280 BK-350 BK-450 BKR-350(320〜370)		BK-520 BK-600 BK-700Q
日鉄溶接工業	H-250B(225〜275) H-250C(225〜275)	H-300C(275〜325) H-350C(320〜380)		H-500(450〜550) H-600(500〜650) H-700 (650〜745)
福島熔材工業所	FM-30(280〜320)	FM-35(330〜370)		FM-45(420〜510)
福島熔材工業所	FM-A(180〜210) FM-B(210〜240) FM-C(240〜280)			FM-50(510〜550)

硬化肉盛用被覆アーク溶接棒

種　　　　類	DF2A	DF2A	DF2B	DF2B
呼　び　硬　さ	300未満	300以上	300未満	300以上
ARCOS	Diamend 305(白) Diamend 350(白) Super-Railend		Diamend 500(白) Diamend 600(白)	
リンカーンエレクトリック		GRIDUR 3	Wearshield BU	
MAGNA	マグナ405	マグナ471	マグナ405	マグナ401 マグナ407 マグナ471
STOODY	Build Up(Rc24〜28)		1105(Rc37〜40)	
Böhler Welding		UTP DUR 350		
キスウェル	KM-100 KM-250	KM-300R KM-300		KM-350R KM-500 KM-700
現代綜合金属	S-240A.R	S-260A.B S-350A.R S-350B.B S-450B.B		S-500B.B S-600B.B
廣泰金属日本	KH-25-R(250-R)	KH-40-B(400-B) KH-45-B(450-B)		KH-50N-1(450-BR)
世亞エサブ		SH-300B SH-350		SH-400B
中鋼焊材		GH-300 GH-300R GH-350R		GH450R

種　　　　類	DF3B	DF3C	DF4A	DF4B
神戸製鋼		HF-12 HF-650 HF-700 HF-800K	HF-13	
四国溶材		シコクロードSH-650 シコクロードSH-700		
新日本溶業	ACV ハード650	ハード650S ハード700 ハード800 ハード850	ACM ACM-13	
タセト		BC60(HRC60〜65)		
ツルヤ工場		HT-75 HT-85		HT-60W
東海溶業	TM-10 TM-10B	TM-285 TM-6 TM-7	TM-11Cr TM-11CrB TM-11CrM TMC-1 TMC-41 TMC-42	TM-60 TMC-40

硬化肉盛用被覆アーク溶接棒

JIS Z 3251:2000

種 類	DF3B	DF3C	DF4A	DF4B
特殊電極	CS-600 CSW	KB TH-80 SB SB-2	CXA-21 CXA-41	CD-60 CR-55 TH-11Cr
特殊溶接棒	TH-600C TH-DS	TH-80 TH-90	TH-11Cr TH-C13 TH-CR13-2 TH-CRB TH-CRM TH-CXA	TH-60C
鳥谷溶接研究所	DS-4 DS-61 DS-61S KH-650S	KH-650 KH-700 KH-800	KH-1321 KH-1341 KH-13CR KH-13CRS KH-420	KH-600S
ナイス	Hard 920-75	Hard 920-85 Hard 920B	Hard 930N-1 Hard 930N-4	Hard 930
永岡鋼業	HW-500(450〜550) HW-700(650〜750)	BMC-10 HW-450 HW-800(700〜800) HW-850B(750〜50)	NC-13	CWN
ニツコー熔材工業	BKR-61 BK-660S	BK-550 BK-700 BK-70S BK-75S BK-800 BK-800K	BKH-12 BKH-13 BK-41S BKL-11CR	BK-60S BKH-11CR
日鉄溶接工業		H-750(730〜830) H-800(750〜850)	H-11Cr(500)	H-13Cr(350)
日本ウエルディング・ロッド			WEL13NiMo	
菱小		MH-650	KT-11CR	EA600W
福島熔材工業所	FM-60(610〜680)	FM-56(550〜620) HCB-1(780〜900)		
ARCOS	Diamend 605(白)		Wolfrend B120(白)	
リンカーンエレクトリック	GRIDUR 6 GRIDUR 7 GRIDUR 46	Wearshield MI		GRIDUR 24
MAGNA	マグナ450 マグナ460 マグナ470	マグナ400 マグナ401		マグナ480 マグナ490
Böhler Welding	UTP 673	UTP DUR 600Kb		
キスウェル	KSB-2	KM-800		KM-11Cr
現代綜合金属		S-700B.B		

硬化肉盛用被覆アーク溶接棒

JIS Z 3251:2000

種　　　　　　類	DF3B	DF3C	DF4A	DF4B
廣泰金屬日本	KH-60-R(600-R) KH-61-BR(600-RB)	KH-60-B(600-B) KH-61-B(600-B) KH-70-B(700-B) KH-70-HS(700-B)		KH-50N-4(450-BR) KH-50(600-BR)
世亞エサブ	SH-600 SH-600B			
中鋼焊材	GH600R GH600W	GH600 GH750 GH600W		

種　　　　　　類	DF5A, B	DFMA	DFMB	DFME
神戸製鋼		HF-11		HF-16
四国溶材		SH-13Mn		SH-16MC
新日本溶業	ハイサ-M	ハード13	ハード13-4	ACM-16 ACM-16Mo
タセト				MC100 （加工硬化後HRC40）
ツルヤ工場	HT-80HS	HT-35		[DFME-B]SMC-16
東海溶業	THS TM-70	THM-1	THM-2	TMC-2 TMC-2H
特殊電極	TO-9	HM-1	MN	CRM-2 CRM-3
鳥谷溶接研究所	HS-1 HS-4A HS-7 HS-9	HMN	HMN-2	MC MCH MCS
ナイス		Hard 940M		Hard 940CM Hard 940CMM
永岡鋼業	NTC-3(800～900)	NM-12		MCM-1 NMC-16
ニツコー熔材工業	BKH-90 BKR-90H	HM-D		MC-160 MC-160H
日鉄溶接工業		H-13M(180～220, 500 ～600)	H-13MN(180～220, 450～550)	H-MCr (210～230, 410 ～510)
福島熔材工業所		FM-13(230.480～540)		
リンカーンエレクトリック	GRIDUR 36	Wearshield Mangjet GRIDUR 42		Wearshield 15CrMn
MAGNA	マグナ440(Rc60～62)	マグナ402	マグナ407	マグナ471
STOODY			Niclel Manganese （Rc45～50加工硬化 後）	2110 (Rc40～45 加工 硬化後)
Böhler Welding				UTP 7200
キスウェル		KM-900		
現代綜合金属		S-13MN.B		

硬化肉盛用被覆アーク溶接棒

JIS Z 3251:2000

種　　　　　　　類	DF5A, B	DFMA	DFMB	DFME
廣泰金属日本		KH-13M(450-B)	KH-13MN(400-B)	
世亞エサブ		SH-13M	SH-13MN	SH-13MC
中鋼焊材	GH900	GH13M		

種　　　　　　　類	DFCrA	DFWA	DCoCrA, B, C, D	その他
神戸製鋼	HF-30			CR-134
				HF-950
				HF-1000
				MC-16
				NR-LS
四国溶材	シコクロードSH-32C		シコクロードSHS-350	SH-950
新日本溶業	ACR-30		ハードS-11	ACM13-4
	CRA		ハードS-21	ACM25-4
	CRS-30		ハードS-33	ANC-CO
			ハードS-66	CNM-13
				CNM-41
				CNW
				HBC
				HCN
				SNH-102
				ハード61M
タセト			SL-1	13CrNiMo
			SL-3	DA14
			SL-6	TCR65
ツルヤ工場		HT-1000	HT-1(C)	HT-75W
		HT-950	HT-21(D)	
			HT-3(B)	
			HT-6(A)	
東海溶業	TMC-3	TTC	TST-1	DS-11G(TIG)
	TMC-4		TST-2	DS-61G(TIG)
	TMC-5		TST-3	M-DS-61G(ワイヤ)
			TST-21	DCT-1G(TIG)
				MA-1
				MA-1G(TIG)
				M-MA-1G(ワイヤ)
				T-22(TIG)
				TF-5
				TF-5G(TIG)
				TFW-5(ワイヤ)
				THS-G(TIG)
				THW
				TM-21
				TM-60S
				TTC-M

JIS Z 3251 : 2000

種　　　　　類	DFCrA	DFWA	DCoCrA, B, C, D	その他
東海溶業				TMI-2G(TIG)
				TSW-1
				TSW-2
				TSW-3
				TSW-4
東京溶接棒			SW-1	コンポジットG
			SW-12	
			SW-6	
特殊電極	CRH	TWC	STL-1	BH-1
	CRH-3	TWC-1000	STL-2	BH-1R
	CRH-3V		STL-3	BH-2
	CRH-Nb		STL-21	CRH-226
				CRM-1
				FW-2
				HFA-2
				MR-750
				MS-1
				NCC-2
				RC-70
				QD-600
				SF
				SF-0
				SF-2
				SF-3
特殊溶接棒	TH-C18	TH-W30	TH-STL No.1	FORWARD-1
	TH-CR20	TH-W50	TH-STL No.2	PF-100
	TH-CR30		TH-STL No.3	TH-600Q
	TH-CR30-3		TH-STL No.21	TH-MS
	TH-CR30-4			TH-NCSB
	TH-CR30Nb			TH-SW
				TH-SW2
鳥谷溶接研究所	KH-30CR	KH-900	KST-1	HS-3
	KH-30CRN	KH-950	KST-6	HS-5
	KH-30CRS	KH-1000	KST-12	KCH
	KH-30CRZ	KH-1200	KST-21	KCH-2
	KH-30CRV		KST-25	KCH-3
	KH-32CR		KST-50	KH-600Z
	KH-32CRS			KHT
				KMS
				KSW
				KSW-2
ナイス	Hard 950B	Hard 960F	Hard 970-21	Hard 940COMW
	Hard 950C		Hard 970A	
	Hard 950HN-2		Hard 970B	
	Hard 950HN-3		Hard 970C	

硬化肉盛用被覆アーク溶接棒

JIS Z 3251:2000

種　　　　　類	DFCrA	DFWA	DCoCrA, B, C, D	その他
ナイス	Hard 950HN-3T Hard 950HN-4			
永岡鋼業	NC-20(350〜450) NC-30(600〜700) NMC-30(700〜800)	Rubynaks(750〜950)		HW-280C HW-330N HW-700C(650〜750) HW-75 HW-850(750〜850) HW-85W NES-08W
ニツコー熔材工業	BK-30A BK-30CR BK-30D BK-30N BKS-35CR	BK-1200 BK-950	NST-1 NST-6 NST-12 NST-21	BK-46F BK-47F BK-48F BK-25SF BK-51SF BK-54SF BK-55SF BK-G241 BKH-61 BK-54SH BKH-400 BKH-5 HE-500 NSM-1
日鉄溶接工業	H-30Cr(700〜800) H-30CrM(600〜700)			H-13CrM(300〜400)
日本ウエルディング・ロッド	WEL EC-10		WEL S11 WEL S33 WEL S66	
菱小				MH-5 MH-NCM-1
日立金属			ビシライト No.1 ビシライト No.6 ビシライト No.12 ビシライト No.21	
AMPCO				Ampco-Trode 200 Ampco-Trode 250 Ampco-Trode 300
ARCOS		Wolfrend C Wolfrend H(白) Wolfrend R アーマロイ10 アーマロイ11(濠)	Cobalt 1 Cobalt 6 Cobalt 7 Cobalt 12(米) Cobax 1 Cobax 12(米, 白) Cobax 6 Cobax 7	アーマロイ20 アーマロイ30 アーマロイ33 アーマロイ34 アーマロイ35 アーマロイ37 アーマロイ40 アーマロイ48

硬化肉盛用被覆アーク溶接棒

JIS Z 3251：2000

種　　　　類	DFCrA	DFWA	DCoCrA, B, C, D	その他
ARCOS			Cobend 1 Cobend 6 Cobend 7 Cobend 12(米) Stellertend 1 Stellertend 6 Stellertend 7 Stellertend 12(白)	アーマロイその他 クロラ クロレンドW
EUTECTIC	6006	N112 112N	90-1 90-6 90-12 N9080	26N 40 57 700 706N 5003 6055 6088 6720 7020 XHD646 XHD6327 XHD6710 XHD6715 XHD6899 6N-HSS 6N-HW
EUREKA			No.1 No.6 No.12	Eurekalloy35 Eurekalloy45 Eurekalloy72 Eurekalloy73 Eurekalloy74 Eurekalloy75x Eurekalloy1215 Eurekalloy1216 Eurekalloy X Eurekalloyその他
KENNAMETAL STELLITE			STELLITE 1 STELLITE 6 STELLITE 12 STELLITE 20 STELLITE 21 STELLITE F	stellite 1(ワイヤ) stellite 6 stellite 12 stellite 21
リンカーンエレクトリック	GRIDUR 18 GRIDUR 45 GRIDUR 50 Wearshield 44			GRIDUR 34 GRIDUR 44 GRIDUR 61 Wearshield ABR

硬化肉盛用被覆アーク溶接棒

JIS Z 3251:2000

種　　　　類	DFCrA	DFWA	DCoCrA, B, C, D	その他
リンカーンエレクトリック	Wearshield 60 Wearshield 70 Wearshield ME			Wearshield FROG MANG
MAGNA	マグナ403	マグナ404	マグナ44 マグナ45	マグナ303(Rc22〜44) マグナ400(Rc55) マグナ401(Rc57〜61) マグナ402(Rc50) マグナ403(Rc55〜60) マグナ404 マグナ405(Rc25〜30) マグナ407(Rc37〜42) マグナ44(Rc57〜61) マグナ45(Rc58〜62) マグナ460(Rc57〜61) マグナ470(Rc52〜55) マグナ471(Rc37〜40) マグナ480(Rc57〜59)
STOODY	21 31(Rc47〜49) C.T.S 2134(Rc56〜60)	130 Borod Tube Borium	STOODEX1 STOODEX6 STOODEX12 STOODEX21 STOODY1477(Rc55〜58) STOODY90	STOODY60
Böhler Welding	UTP LEDURIT 65		UTP CELSIT 706	UTP 63 UTP 65D UTP 68 UTP 73G2 UTP 73G3 UTP 73G4
Böhler Welding				UTP 655 UTP 690 UTP 702 UTP 750 UTP 7000 UTP 7208 UTP BMC UTP CELSIT 721 UTP DUR 250 UTP DUR 600 UTP Hydro Cav UTP LEDURIT 61

硬化肉盛用被覆アーク溶接棒

JIS Z 3251:2000

種　　　　類	DFCrA	DFWA	DCoCrA, B, C, D	その他
キスウェル		KM-1000		KBH-2 KM-13CrM KQD-600
現代綜合金属	S-711			
廣泰金属日本	KH-CR25(600-S) KH-CR30M(600-S) KH-CRX(600-S) KH-22CANE(600-S)	KH-W(700-S)	KH-SLA(450-BR) KH-SLB(500-BR) KH-SLC(450-BR)	KH-50MN KTS-01 KTS-06 KTS-12
世亞エサブ				SH-5B SH-5R SH-1000
中鋼焊材	GH800			

硬化肉盛用アーク溶接フラックス入りワイヤ

種　　　　　　　類	YF2A-C	YF3B-C	YF3B-G	YF4A-C
シールドガスの種類	CO_2またはAr-CO_2	CO_2またはAr-CO_2	規定しない	CO_2またはAr-CO_2
神戸製鋼	DW-H250 DW-H350	DW-H450 DW-H600 DW-H700 DW-H800		DW-H132
東海溶業	MC-250 MC-300 MC-350	MC-450 MC-600		
特殊電極	MT-250 MT-300 MT-350 MT-450 MT-PM350	MT-600 MT-700		MT-CXA-41C
特殊溶接棒	THW-250 THW-300 THW-350 THW-450	THW-600 THW-700 THW-800		FCW-410C FCW-410T FCW-411
鳥谷溶接研究所	CH-250 CH-300 CH-350 CH-450	CH-500 CH-600 CH-700 CH-800 DS-61FCW		CH-1320 CH-1321 CH-1340 CH-1341 CH-13CR CH-13CRS
ナイス	Hard GC350	Hard GC450 Hard GC600 Hard GC700 Hard GC800 Hard GC920KD-62		Hard GC930N-4
ニツコー熔材工業	NFG-H250 NFG-H300 NFG-H350 NFG-H450	NFG-H600 NFG-H700 NFG-H75S NFG-H800		NFG-H132 NFG-H41NI NFG-H41NM NFG-H41NMH NFG-H412 NFG-H412S
日鉄溶接工業	FCH-250 FCH-300 FCH-350 FCH-400 FCH-450	FCH-500 FCH-600 FCH-700		FCM-132M FCM-134 FCM-134M
日本ウエルディング・ロッド		WEL FCW H800		
リンカーンエレクトリック	Lincore BU-G	Lincore 55-G		
STOODY		105G		
Böhler Welding	SK 250-G SK 350-G	SK 600-G SK 650-G		

硬化肉盛用アーク溶接フラックス入りワイヤ

JIS Z 3326:1999

種　　　　　類	YF2A-C	YF3B-C	YF3B-G	YF4A-C
シールドガスの種類	CO$_2$またはAr-CO$_2$	CO$_2$またはAr-CO$_2$	規定しない	CO$_2$またはAr-CO$_2$
キスウェル	K-250HT K-300HT K-350HT K-450HT	K-500HT K-600HT		
現代綜合金属	SC-250H SC-350H SC-450H	SC-600H SC-700H		

種　　　　　類	YF4A-G	YF4B-C	YF4B-G	YFMA-C
シールドガスの種類	規定しない	CO$_2$またはAr-CO$_2$	規定しない	CO$_2$またはAr-CO$_2$
神戸製鋼				DW-H11
特殊電極	MT-CXA-21 MT-CXA-40 MT-CXA-41 MT-X2	MT-CR50 MT-CXRH		MT-HM
鳥谷溶接研究所		CH-13CR		HMN-1FCW
ナイス		Hard GC930 Hard GC930N-1		Hard GC940M Hard GC940MN Hard GC940CM Hard GC940CMM
ニツコー熔材工業		NFG-H41RH NFG-H41RK		
キスウェル		K-CXA-40HT K-CXA-41HT		

種　　　　　類	YFME-C	YFME-G	YFCrA-C	YFCrA-G
シールドガスの種類	CO$_2$またはAr-CO$_2$	規定しない	CO$_2$またはAr-CO$_2$	規定しない
神戸製鋼	DW-H16		DW-H30 DW-H30MV	
新日本溶業			ハード30CRN ハード30CRS ハード30SNH	
特殊電極	MT-CRM-2 MT-CRM-W		MT-CRH MT-CRH-3	
特殊溶接棒			THW-25CR THW-30CR THW-30CR3 THW-30CR4	
鳥谷溶接研究所	MC-FCW MCH-1FCW	MCS-FCW	CH-25CR CH-30CR CH-30CRN CH-30CRS	

硬化肉盛用アーク溶接フラックス入りワイヤ

種　　　　類	YFME-C	YFME-G	YFCrA-C	YFCrA-G
シ ー ル ド ガ ス の 種 類	CO_2またはAr-CO_2	規定しない	CO_2またはAr-CO_2	規定しない
鳥谷溶接研究所			CH-30CRV CH-30CRZ	
ナイス			Hard GC950C Hard GC950HN-2 Hard GC950HN-3 Hard GC950HN-4 Hard GC950HN-7 Hard GC950HN-10	
ニツコー熔材工業	NFG-HMC NFG-H160H		NFG-H30CR NFG-H30D NFG-H30N NFG-H30S NFG-H30W NFG-H30WS	
EUTECTIC			DO*595N	
STOODY		121		
キスウェル			K-HCRHT K-CCHT KX-CRHT	
廣泰金属日本		KCH-13MC-O(-250)		KCH-60CR-O(-700) KCH-60CRMO-O(-700) KCH-65CZ-O(-800) KCH-67CB-O(-800)
天泰銲材工業			TWH-65W-G	

種　　　　類	YFWA	YCoCrA	YF2A-S	YF3B-S
シ ー ル ド ガ ス の 種 類	CO_2またはAr-CO_2	CO_2またはAr-CO_2	セルフシールド	セルフシールド
鳥谷溶接研究所			NGH-450	NGH-600 NGH-700
EUTECTIC	DO*11	DO*90-6		
リンカーンエレクトリック			Lincore 33 Lincore 40-O Lincore BU	Lincore 50 Lincore 55 Lincore T & D
現代綜合金属			SC-BU	
廣泰金属日本				KCH-58TC-O(-600)

種　　　　類	YFCrA-S	その他
シ ー ル ド ガ ス の 種 類	セルフシールド	－
神戸製鋼		DW-H131S
東海溶業	T-58NK T-60NN	

硬化肉盛用アーク溶接フラックス入りワイヤ

JIS Z 3326:1999

種　　　　　類	YFCrA-S	その他
シールドガスの種類	セルフシールド	－
特殊電極	GAT-CRB GAT-FCR	HOWIT-900 MT-CXA-21D MT-CXA-40D MT-FZ10 MT-FZ10Nb MT-FZ20 MT-FZ30 MT-FZ90 MT-FZ1000 MT-HF-2 MT-STL-1 MT-STL-12 MT-STL-6 MT-STL-21
特殊溶接棒	THN-25 THN-30 THN-303 THN-304	
鳥谷溶接研究所	NGH-20CR NGH-25CR NGH-30CRN NGH-30CRZ	CH-10CR CH-400S CH-450S CH-950 HS-3FCW HS-7FCW
ナイス		Hard GC960 Hard GC970-21 Hard GC970A Hard GC970B Hard GC970C
ニツコー熔材工業		NFG-H20S NFG-H47F NFG-H90K NFG-H400SM NFG-HE NFG-HMN NFG-H450SM NFG-H950
EUTECTIC		DO*11 DO*13N DO*327 DO*530 DO*375N DO*380N DO*385N

硬化肉盛用アーク溶接フラックス入りワイヤ

JIS Z 3326:1999

種　　　　類	YFCrA-S	その他
シ ー ル ド ガ ス の 種 類	セルフシールド	−
EUTECTIC		DO*390N DO*560 DO*593 DO*595 DO*596
リンカーンエレクトリック	Lincore 60-O Lincore 65-O	Lincore 60-G Lincore FROG MANG Lincore M（セルフ） Lincore 15CrMn （セルフ）
STOODY	100 100HC 100XHC 101HC 131 134 SA/SUPER20	
Böhler Welding		SK 258TiC-G SK 258TiC-O SK A 43-O SK A 45-O SK A 299-O SK ABRA-MAX O/G
現代綜合金属	Supershield CrCH Supershield CrCW Supershield CrC	Supershield AP-O Supershield 309L-O
廣泰金属日本	KCH-70-O	
中鋼焊材	MXW 63 MXW 65 MXW R-100 MXW R-101	
天秦銲材工業	TWH-65-O	

硬化肉盛用ソリッドワイヤ

種　　　　類	Hv250	Hv350	Hv450	Hv450
シールドガスの種類	CO_2	CO_2	CO_2または$Ar-CO_2$	CO_2
神戸製鋼	MG-250	MG-350		
大同特殊鋼	DS250	DS350		DS450
パナソニック コネクト		YM-350		
菱小			MH-400S	
リンカーンエレクトリック		GRIDURE S-350		

種　　　　類	Hv500	Hv600	Hv650
シールドガスの種類	CO_2または$Ar-CO_2$	CO_2または$Ar-CO_2$	CO_2または$Ar-CO_2$
大同特殊鋼			DS650
菱小	OMH-1	MH-61S	MH-5S
リンカーンエレクトリック			GRIDURE S-600
Böhler Welding			UTP A DUR 600
			UTP A DUR 650

硬化肉盛用サブマージアーク溶接材料

種　　　類	Hv250	Hv300	Hv350	Hv400
組　合　せ	ワイヤ・フープ/フラックス	ワイヤ・フープ/フラックス	ワイヤ・フープ/フラックス	ワイヤ・フープ/フラックス
神戸製鋼			US-B43/PF-B350H US-H350N/G-50	US-H400N/G-50
特殊電極	UT-250V/F-50		H-11/Bond-350VH UT-350/F-50 UT-350V/F-50	UT-400/F-50
鳥谷溶接研究所	SH-250/G50		SH-350/G50	SH-400/G50
永岡鋼業	NSW-280/NG-50			
日鉄溶接工業	S-250/YF-38 NS-43/BH-250	S-300/YF-38	Y-6145/YF-40 S-350/YF-38 S-350/NF-80 NS-43/BH-350	FVA-5B/YF-38 S-400/YF-38 S-400/NF-80
リンカーンエレクトリック	Lincore 20/ 　Lincolnweld 802 Lincore 8620/ 　Lincolnweld 802 Lincore 4130/ 　Lincolnweld 802	Lincore 30-S/ 　Lincolnweld 802 Lincore 32-S/ 　Lincolnweld 802 Lincore 410/ 　Lincolnweld 802	Lincore 35-S/ 　Lincolnweld 802	Lincore 40-S/ 　Lincolnweld 802 Lincore 42-S/ 　Lincolnweld 802 Lincore 410NiMo/ 　Lincolnweld 802
STOODY		104/S	107/S	
Böhler Welding	UTP UP DUR 250/UTP UP FX DUR 250	UTP UP DUR 300/UTP UP FX DUR 300		UTP UP DUR 662/ UTP UP FX 662
廣泰金属日本	KCH-31-S/KF-810	KCH-17-S/KF-810		KCH-52-S/KF-810
天秦鮮材工業	TWH-31-S/TF-81	TWH-17-S/TF-81		TWH-52-S/TF-81

種　　　類	Hv450	Hv500	その他	その他
組　合　せ	ワイヤ・フープ/フラックス	ワイヤ・フープ/フラックス	ワイヤ・フープ/フラックス	合金フラックス
神戸製鋼	US-B43/PF-B450H US-H450N/G-50	US-H500N/G-50	US-B43/PF-B160 US-B410/PF-B131S US-B410/PF-B134 US-H550N/MF-30 US-H600N/MF-30	
特殊電極	H-11/Bond-450VH UT-450/F-50 UT-450V/F-80S		H-410/Bond-CXRH H-410/Bond-CX-10 H-410/Bond-X1 H-410/Bond-X2 H-410/Bond-2RMO-4 UT-225CRV/F-80S UT-2RMO-4/F-80S UT-600/F-80S UT-CXRH/F-80S UT-X1/F-80S UT-X2/F-80S	

硬化肉盛用サブマージアーク溶接材料

種　　類	Hv450	Hv500	その他	その他
組　合　せ	ワイヤ・フープ/フラックス	ワイヤ・フープ/フラックス	ワイヤ・フープ/フラックス	合金フラックス
鳥谷溶接研究所	SH-450/G50	SH-500/G50	SH-13CR/G80 SH-600/G50 SH-1321/G80 SH-1341/G80	
永岡鋼業	NSW-450/NG-50		NSW-550/NG-80	
日鉄溶接工業	NS-43/BH-450		S-90HS/BF-CRH NS-410/BF-1N NS-410/BF-2M NS-410/BF-2N NS-410/BF-2NC NS-410/BF-4NC NS-410/BF-CXRH Y-1030/YF-40	
リンカーンエレクトリック	Lincore 423Cr/ 　Lincolnweld 802 Lincore 423-L/ 　Lincolnweld 802	Lincore 420/ 　Lincolnweld 802	Lincore 96S/ 　Lincolnweld 802 Lincore 102W/ 　Lincolnweld 802 Lincore 102HC/ 　Lincolnweld 802	Lincolnweld A-96-S Lincolnweld H-560
STOODY	105/S 105B/S	102/S 4552/S		
Böhler Welding	UTP UP 73G2/UTP 　UP FX 73G2	UTP UP DUR 600/UTP 　UP FX DUR 600		
現代綜合金属	SC-414S/S-717	SC-420SG/S-717	SC-420SG/S-717 SC-555/S-717	
廣泰金属日本		KCH-52-S/KF-810	KCH-420-S/KF-810	
天泰銲材工業	TWH-12-S/TF-81	TWH-52-S/TF-R85	TWS-420-S/TF-81	

鋳鉄用被覆アーク溶接棒

JIS Z 3252:2012

種　　　　類	E C Ni-CI	E C NiFe-CI	E C NiCu	E C FeC-3
神戸製鋼	CI-A1	CI-A2		
四国溶材	シコクロードSC-1	シコクロードSC-2	シコクロードSC-3	
新日本溶業	BN-99 キャスニー99	キャスニー60	キャスニー70	キャスロン-2 キャスロン-3 キャスロン-D キャスロン-X
タセト	鋳物特号	鋳物35号	鋳物1号	
ツルヤ工場	TB-100	TB-300	TB-200	
東海溶業	TC-1 TC-1P	TC-3 TC-3A TC-3F TU-10		
東京溶接棒	東京-100	東京-55	東京-70	
トーヨーメタル	純ニッケル	鉄・ニッケル	モネル	
特殊電極	SN SN-1 SN-10	FN FN-1 FN-S		
特殊溶接棒	100-FC 100R-FCR 100-FCMR	55-FC 55-FCW ST-60 ST-60N	70-FC	DCI-E TS-FC
鳥谷溶接研究所	KC-100 KC-100N KC-100S	KC-55 KC-55B KC-55S	KC-70	IC-2 KC-1
ナイス	Nicast 2-40	Nicast 2-50		
ニツコー熔材工業	DM-100 DMA-100	DM-150 DMB-150 DMG-150		
日鉄溶接工業	C-1N	C-5N		
日本ウエルディング・ロッド	WEL NIC 100S	WEL NIC 60	WEL MOC 70	
日本電極工業	N100			
福島熔材工業所	FCI-N	FCI-NF	FCI-M	
吉川金属工業	YC-200	YC-37	YC-150	
ARCOS	Mixend 99	Mixend 60		
Böhler Welding	UTP 8	UTP 83 FN UTP 85 FN UTP 86 FN-5 UTP GNX-HD		UTP 5D
EUTECTIC	MG200 240N Eutec Trode 2-24	MG210 250 2240		

鋳鉄用被覆アーク溶接棒

種　　　　類	E C Ni-CI	E C NiFe-CI	E C NiCu	E C FeC-3
EUREKA	No.99 No.100		No.5545	
Special Metals	NI-ROD Welding 　Electrode	NI-ROD55 Welding 　Electrode		
リンカーンエレクトリック	GRICAST 1 GRICAST 11 Reptec Cast 1 Softweld 99Ni	GRICAST 3 GRICAST 31 GRICAST 62 Reptec Cast 3 Reptec Cast 31 Softweld 55Ni	GRICAST 6	
METRODE (リンカーンエレクトリック)	CI Soft Flow Ni	CI Met NiFe CI Special Cast NiFe		
MAGNA	マグナ770 マグナ777	マグナ770 マグナ777	マグナ770 マグナ777	マグナ770 マグナ777
キスウェル	KSN-100	KFN-50	KL-100	
現代綜合金属	S-NCI	S-NFC		
廣泰金属日本	KNi-100	KNi-50	KNi-70	
世亞エサブ	Cast Ni Super Ni	Super NiFe	Super Mo	
中鋼焊材	GC100 GCI-1	GC55 GCI-2		
天秦鉾材工業	T-Cast100	T-Cast50		

種　　　　類	E C St	Fe-Ni系	その他
神戸製鋼	CI-A3		
四国溶材	シコクロードSC-5		
新日本溶業	キャスロン-1 キャスロン-4		
ツルヤ工場	FC-M TB-400		
東海溶業	TC-6C	T-3H(TIG) T-3N(TIG) TC-3H(ワイヤ) TC-3N(ワイヤ)	M-2000(ワイヤ) M-Ni(ワイヤ) NIT-5(TIG) NIW-5(ワイヤ) T-2000(TIG) T-Ni(TIG) M-2000C(ワイヤ) T-2000C(TIG) MTS-100(ワイヤ) TC-11A TC-8B TC-8M

鋳鉄用被覆アーク溶接棒

種　　　　類	E C St	Fe-Ni系	その他
東海溶業			TFH-1 TK-2 TK-3 TM-2000 TM-2000B TM-2000BN TM-2000C TM-2000H TM-2100
東京溶接棒	東京-1 東京-2 東京-3 東京-4 東京-5		切断用
特殊電極	IGF-1		EN IGF-2 VA-10
特殊溶接棒	10-FC 11-FC		
鳥谷溶接研究所	KC-2 KC-3		KCH KCH-2 KCH-3
永岡鋼業	鋳物1号 鋳物2号 鋳物3号		
ニツコー熔材工業	DM-70		DM-60V DMB-136
日鉄溶接工業	C-0N		
菱小			GN-311 MH-1 MH-1S MH-2S MH-100S MH-500S MH-100C MH-200C
吉川金属工業	YC-100		
EUTECTIC			27 255 566
EUREKA	EXP10 EXP20		
リンカーンエレクトリック	Ferroweld		
MAGNA	マグナ720		マグナ303

鋳鉄用被覆アーク溶接棒

JIS Z 3252:2012

種　　　　　類	E C St	Fe-Ni系	その他
MAGNA			マグナ720 マグナ770 マグナ777
キスウェル	KCF-50		
現代綜合金属	S-FCF		
廣泰金属日本	K-CAST		
世亞エサブ	Super St		
中鋼焊材	GCO GCI-3		

鋳鉄用ソリッドワイヤ

JIS Z 3252:2012

種　　　　　類	S NiFe-1	その他
菱小	GN-55SN	GN-311S

種　　　　　類	S C Ni-Cl	S C NiFe-1	S C NiFe-2	その他
特殊電極	M-SN T-SN	M-FN M-FN(Ti) T-FN		
ニツコー熔材工業		DM-55R DM-55M	DM-150R DM-150M	DM-136R DM-136M
Böhler Welding			UTP A 8051Ti	

鋳鉄用アーク溶接フラックス入りワイヤ

種　　　　　類	T C NiFe-1	T C NiFe-2	その他
Böhler Welding	SK FN-G	SK FNM4-G	SK FNM-G SK FNM4-G

銅及び銅合金被覆アーク溶接棒

JIS Z 3231:1999

種 類	DCu	DCuSiA	DCuSiB	DCuSnA
成 分 系	銅	けい素青銅	けい素青銅	りん青銅
新日本溶業	SCu SCu-D	SCu-S		
タセト	KC100		KE960	KP950
ツルヤ工場	TCu-1		TCu-2	TCu-3
東海溶業	CP		EB	
トーヨーメタル	TC-302 TC-310 TC-315	TC-235	シリコン鋼	TC-380
特殊電極	CUG-D		CUS	
特殊溶接棒	TCU		TCUS	
鳥谷溶接研究所	KCU		KCUS	
ニツコー熔材工業	NCU-D		NCS	
ARCOS	Cuprend			
EUTECTIC	300			XHD2800
リンカーンエレクトリック	GRICU 1			GRICU 11
MAGNA	マグナ202 マグナ210	マグナ202 マグナ210	マグナ202 マグナ210	マグナ202 マグナ210
Böhler Welding		UTP 32		

種 類	DCuSnB	DCuAl	DCuAlA	DCuAlNi
成 分 系	りん青銅	アルミ青銅	アルミ青銅	特殊アルミ青銅
四国溶材	シコクロードSB-1			
新日本溶業	BP-3		AB-2	AB-4 AB-5
タセト		KA900		KA860
ツルヤ工場			TCu-5	TCu-6
東海溶業	PB			AB
トーヨーメタル			アルミ青銅	アルミブロンズ含Flux
特殊電極	CUP-C			
特殊溶接棒	TCP	TCA		TCA-1
鳥谷溶接研究所	KCUP			KCUA-5 KCUA-6
ニツコー熔材工業	NCP			NAB-7
AMPCO		Ampco-Trode 10		Ampco-Trode 160
EUTECTIC		1851		
MAGNA	マグナ202 マグナ210	マグナ202 マグナ210	マグナ202	マグナ202 マグナ210
世亜エサブ	Super Bronze	ALB-2		

銅及び銅合金被覆アーク溶接棒

JIS Z 3231:1999

種　　　　　類	DCuNi-1	DCuNi-3	その他
成　　分　　系	キュプロ・ニッケル	キュプロ・ニッケル	－
新日本溶業		CN-70	
タセト	KN910	KN700	
ツルヤ工場		TCu-7	TCu-4
東海溶業			CB
トーヨーメタル		TC-315 TC-350	T-315 TC-302
特殊電極			CUL CUL-A
特殊溶接棒	TCUN-1	TCUN-3	TCA-4
鳥谷溶接研究所	KCUN-10	KCUN-30	
ニツコー熔材工業	NCN-10D	NCN-30D	
日本ウエルディング・ロッド	WEL Cu-90	WEL Cu-70	
AMPCO			Ampco-Trode 40 Ampco-Trode 46
EUTECTIC			XHD2800
リンカーンエレクトリック			GRICU 8 GRICU 12
MAGNA		マグナ202 マグナ210 マグナ770	マグナ202 マグナ210 マグナ770
Special Metals		MONEL® WE187	
Böhler Welding		UTP 387	UTP 34N
廣泰金属日本	KCuNi1		
世亞エサブ		CUN-10	

銅及び銅合金イナートガスアーク溶加棒及びソリッドワイヤ

JIS Z 3341:1999

種　　　類	YCu	YCuSiA	YCuSiB	YCuSnA
溶　接　法	ミグ	ミグ	ミグ	ミグ
成　分　系	銅	けい素青銅	けい素青銅	りん系銅
新日本溶業	MG-Cu	MG-Cu	MG-CuS	
タセト	MG990 MG991 MG995	MG960	MG960B	
ツルヤ工場	TCu-1R		TCu-2R	TCu-3R
東海溶業	MCP	MEB	MC-1	MPB
特殊電極	M-CU-2		M-CUS	M-CUP-A
特殊溶接棒	TM-CU1 TM-CU2	TM-CUS1	TM-CUS2	TM-CUP
鳥谷溶接研究所	KCU-1M KCU-2M		KCUS-35M KCUS-4M	
ナイス	Cop M531		Bron M762	
ニツコー熔材工業	NCU-2M NCU-M		NCS-M	
日本ウエルディング・ロッド	WEL MIG Cu		WEL MIG EP35 WEL MIG EP35N	
日本エア・リキード		MIG-B	MIG-B	
AMPCO	COPR-TRODE			
ARCOS	Cupronar 900 Curpronar 910	Cupronar 900 Curpronar 910		
BEDRA	bercoweld K5 bercoweld K3	bercoweld S2	bercoweld S3	
EUTECTIC	EC-183		EC-182	EC-181
リンカーンエレクトリック	LNM CuSn GRICU S-SICU		GRICU S-SIMA	GRICU S-SnBz6
METRODE (リンカーンエレクトリック)	100Cu			
Böhler Welding	UTP A 381		UTP A 384	
キスウェル			KW-MCuSi	
世亞エサブ	TC-M100			

種　　　類	YCuSnB	YCuAl	YCuAlNiA	YCuAlNiB
溶　接　法	ミグ	ミグ	ミグ	ミグ
成　分　系	りん青銅	アルミニウム青銅	特殊アルミニウム銅	特殊アルミニウム青銅
新日本溶業	MG-BP			MG-AB5
タセト		MG900	MG860	
ツルヤ工場	TCu-4R			
東海溶業		MAB-9	MAB-1 MAB-2	
特殊電極	M-CUP-C	M-CUL-A	M-CUL-10	M-CUL

銅及び銅合金イナートガスアーク溶加棒及びソリッドワイヤ

JIS Z 3341:1999

種　　　　類	YCuSnB	YCuAl	YCuAlNiA	YCuAlNiB
溶　接　法	ミグ	ミグ	ミグ	ミグ
成　分　系	りん青銅	アルミニウム青銅	特殊アルミニウム銅	特殊アルミニウム青銅
特殊溶接棒	TM-CUP1	TM-CUA	TM-CUA1	TM-CUA2
鳥谷溶接研究所	KCUP-2M KCUP-3M	KCUA-9M	KCUA-4M KCUA-6M	KCUA-5M
ナイス	Bron M781	Albro M741	Albro M753	Albro M752
ニツコー熔材工業	NCP-M	NAC-10M	NAB-8M	NAB-7M
AMPCO		Ampco-Trode 10 Bare		
BEDRA	bercoweld B6 bercoweld B8	bercoweld A8 bercoweld A9	bercoweld A822	bercoweld A922
EUTECTIC		EC-1851		
リンカーンエレクトリック		LNM CuAl8 GRICU S-ALBZ 8	GRICU S-ALBZ 26	
METRODE (リンカーンエレクトリック)		90CuAl		
Böhler Welding			UTP A 3422	
キスウェル		KW-MCuAlA2		
世亞エサブ	TC-M300	TC-M600		

種　　　　類	YCuAlNiC	YCuNi-1	YCuNi-3	その他
溶　接　法	ミグ	ミグ	ミグ	ミグ
成　分　系	特殊アルミニウム青銅	白銅	白銅	—
新日本溶業		MG-CN90	MG-CN70	
タセト		MG910	MG700	MG900B
ツルヤ工場		TCu-9R	TCu-7R	
東海溶業		MCN-1	MCN-3	
特殊電極	M-CUL-N	M-CUN-1	M-CUN-3	M-BWA
特殊溶接棒		TM-CUN1	TM-CUN3	TM-CUA3 TM-CUA4 TM-CUS
鳥谷溶接研究所	KCUA-3M	KCUN-10M	KCUN-30M	
ナイス		Cupro M791		Albro M754
ニツコー熔材工業		NCN-10M	NCN-30M	BEW-25 BEW-35
日本ウエルディング・ロッド		WEL MIG Cu-90	WEL MIG Cu-70	WEL MIG CuAl-A2
BEDRA	bercoweld A35	bercoweld N10	bercoweld N30	bercoweld A300
Special Metals			MONEL® FM67	
Böhler Welding	UTP A3444	UTP A389	UTP A387	UTP A34 UTP A34N UTP A38
キスウェル		KW-TCuNi9	KW-TCuNi	
現代綜合金属		SM-9010	SMT-7030	

銅及び銅合金イナートガスアーク溶加棒及びソリッドワイヤ

JIS Z 3341:1999

種　　　　類	YCuAlNiC	YCuNi-1	YCuNi-3	その他
溶　接　法	ミグ	ミグ	ミグ	ミグ
成　分　系	特殊アルミニウム青銅	白銅	白銅	－
ESAB				OK Autrod 19.40
				OK Autrod 19.41
				OK Autrod 19.46
				OK Autrod 19.49
リンカーンエレクトリック			LNM CuNi30	LNM CuSn12
			GRICU S-CuNi 70/30	GRICU S-ALBZ 30
METRODE (リンカーンエレクトリック)	80CuNiAl			
廣泰金属日本			KMS-67	
世亞エサブ		TC-M900	TC-M800	

種　　　　類	YCu	YCuSiA	YCuSiB	YCuSnA
溶　接　法	ティグ	ティグ	ティグ	ティグ
成　分　系	銅	けい素銅	けい素銅	りん青銅
エコウエルディング		EC77		
タセト	TG990	TG960	TG960B	
	TG991			
	TG995			
ツルヤ工場	TCu-1R		TCu-2R	TCu-3R
東海溶業	CP-G		EB-G	PB-G
東京溶接棒	TR-1			
	TR-2			
特殊電極	T-CU-1		T-CUS	T-CUP-A
	T-CU-2			
特殊溶接棒	TT-CU1	TT-CUS1	TT-CUS2	TT-CUP
	TT-CU2			
	TT-CUF			
鳥谷溶接研究所	KCU-1		KCUS-35R	KCUP-2R
	KCU-1R			
	KCU-1S			
	KCU-2			
	KCU-2R			
ナイス	Cop T531		Bron T762	
ニツコー熔材工業	NCU-2FR		NCS-FR	NCP-2R
	NCU-2R		NCS-R	
	NCU-FR			
	NCU-R			
日本ウエルディング・ロッド	WEL TIG Cu			
BEDRA	bercoweld K5	bercoweld S2	bercoweld S3	
	bercoweld K3			

銅及び銅合金イナートガスアーク溶加棒及びソリッドワイヤ

JIS Z 3341:1999

種　　　　類	YCu	YCuSiA	YCuSiB	YCuSnA
溶　接　法	ティグ	ティグ	ティグ	ティグ
成　分　系	銅	けい素銅	けい素銅	りん青銅
EUTECTIC	T-183		T-182	T-181
リンカーンエレクトリック	GRICU T-SICU		LNT CuSi3 GRICU T-SIMA	LNT CuSn6 GRICU T-SnBz6
METRODE (リンカーンエレクトリック)			97CuSi	
MAGNA	マグナ29	マグナ27	マグナ27	マグナ27
Böhler Welding	UTP A 381		UTP A 384	
キスウェル				KW-TCuSnA
世亞エサブ	TC-T100			

種　　　　類	YCuSnB	YCuAl	YCuAlNiA	YCuAlNiB
溶　接　法	ティグ	ティグ	ティグ	ティグ
成　分　系	りん青銅	アルミニウム青銅	特殊アルミニウム青銅	特殊アルミニウム青銅
タセト		TG900		
ツルヤ工場	TCu-4R			
東海溶業		AB-9G	AB-1G AB-2G	
特殊電極	T-CUP-C	T-CUL-A T-CUL-AF	T-CUL-10	T-CUL T-CUL-F
特殊溶接棒	TT-CUP1	TT-CUA	TT-CUA1	TT-CUA2
鳥谷溶接研究所	KCUP-3R	KCUA-9R	KCUA-4R KCUA-6R	KCUA-5R
ナイス	Bron T781	Albro T741	Albro T753	Albro T752
ニツコー熔材工業	NCP-R	NAC-10FR NAC-10R	NAB-8FR(NAB-10R) NAB-8R(NAB-10FR)	NAB-7FR NAB-7R
日本ウエルディング・ロッド		WEL TIG CuAl-A2		
BEDRA	bercoweld B6 bercoweld B8	bercoweld A8 bercoweld A9	bercoweld A822	bercoweld A922
EUTECTIC		T-1851		
リンカーンエレクトリック		LNT CuAl8	GRICU T-ALBZ 26	
METRODE (リンカーンエレクトリック)	92CuSn	90CuAl		
MAGNA	マグナ27	マグナ202	マグナ202	マグナ202
Böhler Welding			UTP A 3422	UTP A 3422MR
世亞エサブ	TC-T300	TC-T600		

銅及び銅合金イナートガスアーク溶加棒及びソリッドワイヤ

種　　　類	YCuAlNiC	YCuNi-1	YCuNi-3	その他
溶　接　法	ティグ	ティグ	ティグ	ティグ
成　分　系	特殊アルミニウム青銅	白銅	白銅	－
タセト		TG910	TG700	GA860 GA900 GE960 GK100 TG860 TG900B
ツルヤ工場		TCu-9R	TCu-7R	
東海溶業		CN-1G	CN-3G	
特殊電極	T-CUL-N	T-CUN-1	T-CUN-3	T-BC-3
特殊溶接棒		TT-CUN1	TT-CUN3	TT-CUA3 TT-CUB TT-CUS
鳥谷溶接研究所	KCUA-3R	KCUN-10R	KCUN-30R	KCUB-3R KCUA-250R
ナイス		Cupro T791	Cupro T793	Albro T754
ニツコー熔材工業		NCN-10R	NCN-30R	NBC-R NKF-R
日本ウエルディング・ロッド		WEL TIG Cu-90	WEL TIG Cu-70	
AMPCO				Ampco-Trode 7 Ampco-Trode 150 Ampco-Trode 182 Ampco-Trode 940
BEDRA	bercoweld A35	bercoweld N10	bercoweld N30	bercoweld A300
リンカーンエレクトリック			GRICU T-CuNi 70/30 LNT CuNi30	
METRODE （リンカーンエレクトリック）	80CuNiAl			
MAGNA	マグナ202			マグナ27 マグナ29 マグナ202
Special Metals			MONEL® FM67	
Böhler Welding	UTP A 3444	UTP A 389	UTP A 387	UTP A34 UTP A34N UTP A38
キスウェル		KW-TCuNi9	KW-TCuNi	
現代綜合金属		ST-9010	SMT-7030	
廣泰金属日本			KTS-67	
世亞エサブ		TC-T900	TC-T800	

銅及び銅合金ガス溶加棒

JIS Z 3202:1999

種　　　類	GCU	GCuZnSn	その他
呼　　　称	銅	ネーバル黄銅	－
新日本溶業			ハードS-11G ハードS-21G ハードS-33G ハードS-66G
タセト	G100	GT タセトービン	G950 GH
ツルヤ工場		ツルヤ・トービン トービン・ブロンズ	ツルヤ・ブロンズ
東京溶接棒		エーストービン	
トーヨーメタル			TA-100 TG-350 TG-700 TWC-GL TWC-GM
特殊電極		COB COB-2 COB-S	CUZ T-COB
特殊溶接棒			TCS-G
鳥谷溶接研究所		KSトービン HFブロンズ	NIブロンズ
ナイス	Cop54	Bron68	Bras64 Bronic65
ニツコー熔材工業		日亜トービン 日亜トービンR 日亜トービンS 日亜トービンY	NCZ-FR NCZ-R NTB-08M NTB-08R
菱小			EXTRON
日本エア・リキード		トビノ グリーントビノ 赤トビノ TB-A TB-C TB-N TN-1	
ARCOS			Chromar A Chromar B Chromar C Chromar H Chromar J Super mangang
BEDRA	bercoweld K8/K9		

銅及び銅合金ガス溶加棒

JIS Z 3202:1999

種　　　　類	GCU	GCuZnSn	その他
呼　　　　称	銅	ネーバル黄銅	－
EUTECTIC			16/16FC 18/18XFC 145FC 162 185XFC
EUREKA			No.2
MAGNA	マグナ29	マグナ27	マグナ24 マグナ27 マグナ29
Special Metals			MONEL® FM67 （ERCuNi）

ニッケル及びニッケル合金被覆アーク溶接棒

JIS Z 3224:2010

種　　　類	E Ni 2061	E Ni 4060	E Ni 4061	E Ni 6082
成　分　系	(NiTi3)	(NiCu30Mn3Ti)	(NiCu27Mn3NbTi)	(NiCr20Mn3Nb)
A　　W　　S	ENi-1	ENiCu-7	－	－
神戸製鋼			ME-L34	
タセト	Ni99 Ni99DC	ML7D		
ツルヤ工場	N-1AC	N-2AC		
東海溶業		TIA		
特殊電極	NIB	NIA		
特殊溶接棒	TH-N1	TH-ML		
鳥谷溶接研究所	KN-61	KM-7		
ニツコー熔材工業	N-100	NME		
日本ウエルディング・ロッド	WEL Ni-1	WEL MOCU-7		
リンカーンエレクトリック		NiCu 70/30		
METRODE (リンカーンエレクトリック)	Nimrod 200Ti	Nimrod 190		
Special Metals	Nickel WE 141	MONEL® WE190		
Böhler Welding	UTP 80 Ni	UTP 80 M		
廣泰金屬日本	KNi-96	KNi-60-7		

種　　　類	E Ni 6231	E Ni 6062	E Ni 6093	E Ni 6094
成　分　系	(NiCr22W14Mo)	(NiCr15Fe8Nb)	(NiCr15Fe8NbMo)	(NiCr14Fe4NbMo)
A　　W　　S	ENiCrWMo-1	ENiCrFe-1	ENiCrFe-4	ENiCrFe-9
神戸製鋼		NI-C70A		
ツルヤ工場		INT-132		
東海溶業		TIC-1		
特殊電極		NIC		
特殊溶接棒		TH-NIC-1		
鳥谷溶接研究所		INT-1		
ニツコー熔材工業		NIN		
日本ウエルディング・ロッド		WEL N-12		
Haynes	Haynes 230-W			
MAGNA		マグナ8N12		
廣泰金屬日本		KNi-70A		
中鋼焊材		GNI132		

種　　　類	E Ni 6095	E Ni 6133	E Ni 6152	E Ni 6182
成　分　系	(NiCr15Fe8NbMoW)	(NiCr16Fe12NbMo)	(NiCr30Fe9Nb)	(NiCr15Fe6Mn)
A　　W　　S	ENiCrFe-10	ENiCrFe-2	ENiCrFe-7	ENiCrFe-3
タセト		NiA		NA182
ツルヤ工場		INT-2AC		INT-3AC
東海溶業				TIC-3
特殊電極				NIC-3

ニッケル及びニッケル合金被覆アーク溶接棒

JIS Z 3224:2010

種　　　　類	E Ni 6095	E Ni 6133	E Ni 6152	E Ni 6182
成　　分　　系	(NiCr15Fe8NbMoW)	(NiCr16Fe12NbMo)	(NiCr30Fe9Nb)	(NiCr15Fe6Mn)
A　　W　　S	ENiCrFe-10	ENiCrFe-2	ENiCrFe-7	ENiCrFe-3
特殊溶接棒		TH-NIC-2		TH-NIC-3
鳥谷溶接研究所		INT-2		INT-3 INT-82
ニツコー熔材工業		NIN-A		NIN-182
日鉄溶接工業		YAWATA WELD B		YAWATA WELD 182
日本ウエルディング・ロッド		WEL N-26		WEL AC 182 WEL DC 182
Haynes				Haynes 182
リンカーンエレクトリック		GRINI 7 NiCro 70/15 NiCro 70/19	Nimrod 690KS	GRINI 207 NiCro 70/15Mn
METRODE (リンカーンエレクトリック)		Nimrod AB Nimrod AKS		Nimrod 182 Nimrod 182KS
MAGNA		マグナ8N12		マグナ8N12
Special Metals		INCO-WELD® WE A	INCONEL® WE152 INCONEL® WE152M	INCONEL® WE182
Böhler Welding			Thermanit 690	Thermanit NiCRO 182
キスウェル		KNCF-2	KW-A690	KNCF-3
現代綜合金属				SR-182
廣泰金属日本		KNi-70B		KNi-70C
中鋼焊材		GNI133 GNI134		GNI182

種　　　　類	E Ni 6333	E Ni 6002	E Ni 6022	E Ni 6030
成　　分　　系	(NiCr25Fe16CoMo3W)	(NiCr22Fe18Mo)	(NiCr21Mo13W3)	(NiCr29Mo5Fe15W2)
A　　W　　S	-	ENiCrMo-2	ENiCrMo-10	ENiCrMo-11
タセト			HsC-22	
ツルヤ工場		N-X	NC-22	
東海溶業			THA-C	
特殊電極			HTL-C22	
鳥谷溶接研究所			KHC-22	
日本ウエルディング・ロッド		WEL HX	WEL HC-22	
Haynes		Hastelloy X	Haynes 122	Hastelloy G-30

種　　　　類	E Ni 6333	E Ni 6002	E Ni 6022	E Ni 6030
成　　分　　系	(NiCr25Fe16CoMo3W)	(NiCr22Fe18Mo)	(NiCr21Mo13W3)	(NiCr29Mo5Fe15W2)
A　　W　　S	-	ENiCrMo-2	ENiCrMo-10	ENiCrMo-11
MAGNA		Alloy"C"		
Special Metals			INCONEL® WE122	
中鋼焊材			GNI276 GNI277	

ニッケル及びニッケル合金被覆アーク溶接棒

JIS Z 3224：2010

種　　　　　類	E Ni 6059	E Ni 6200	E Ni 6275	E Ni 6276
成　分　系	(NiCr23Mo16)	(NiCr23Mo16Cu2)	(NiCr15Mo16Fe5W3)	(NiCr15Mo15Fe6W4)
A　　W　　S	ENiCrMo-13	ENiCrMo-17	ENiCrMo-5	ENiCrMo-4
タセト				HsC-276
ツルヤ工場			N-C	NC-276
特殊電極			HTL-C	HTL-C2
特殊溶接棒				TH-HTL-C
鳥谷溶接研究所				KHC-276
ニツコー熔材工業				NHC-2
日本ウエルディング・ロッド				WEL HC-4
Haynes		Hastelloy C-2000		Hastelloy C-276
リンカーンエレクトリック	GRINI 18-S NiCroMo 59/23			NiCroMo 60/16
METRODE (リンカーンエレクトリック)	Nimrod 59KS		Nimax C Nimrod C	Nimrod C276 Nimrod C276KS
MAGNA			Alloy"C"	Alloy"C"
Special Metals				INCO-WELD® WE C-276
Böhler Welding	UTP 759 Kb		UTP 700	
廣泰金属日本				KNi-60-4

種　　　　　類	E Ni 6455	E Ni 6620	E Ni 6625	E Ni 6627
成　分　系	(NiCr16Mo15Ti)	(NiCr14Mo7Fe)	(NiCr22Mo9Nb)	(NiCr21MoFeNb)
A　　W　　S	ENiCrMo-7	ENiCrMo-6	ENiCrMo-3	ENiCrMo-12
タセト			NA112	
ツルヤ工場		NG-2	INT-112AC	
特殊電極			NIC-625	
特殊溶接棒			TH-625	
鳥谷溶接研究所			INT-625	
ニツコー熔材工業			NIN-625	
日鉄溶接工業			NITTETSU WELD 112AC	
日本ウエルディング・ロッド			WEL AC 112 WEL DC 112	
Böhler Welding		UTP Soudonal D	UTP 6222 Mo	Avesta P12

種　　　　　類	E Ni 6455	E Ni 6620	E Ni 6625	E Ni 6627
成　分　系	(NiCr16Mo15Ti)	(NiCr14Mo7Fe)	(NiCr22Mo9Nb)	(NiCr21MoFeNb)
A　　W　　S	ENiCrMo-7	ENiCrMo-6	ENiCrMo-3	ENiCrMo-12
Haynes	Hastelloy C-4		Haynes 112	
リンカーンエレクトリック		Nyloid 2	GRINI 209 NiCro 60/20	
METRODE (リンカーンエレクトリック)			Nimrod 625 Nimrod 625KS	
MAGNA			マグナ8N12	
Special Metals		INCONEL® WE116	INCONEL® WE112	

ニッケル及びニッケル合金被覆アーク溶接棒

JIS Z 3224:2010

種　　　類	E Ni 6455	E Ni 6620	E Ni 6625	E Ni 6627
成　分　系	(NiCr16Mo15Ti)	(NiCr14Mo7Fe)	(NiCr22Mo9Nb)	(NiCr21MoFeNb)
A　W　S	ENiCrMo-7	ENiCrMo-6	ENiCrMo-3	ENiCrMo-12
キスウェル			KW-A625	
廣泰金属日本	KNi-60-7		KNi-60-3	
中鋼焊材			GNI112	

種　　　類	E Ni 6686	E Ni 6985	E Ni 6117	E Ni 1001
成　分　系	(NiCr21Mo16W4)	(NiCr22Mo7Fe19)	(NiCr22Co12Mo)	(NiMo28Fe5)
A　W　S	ENiCrMo-14	ENiCrMo-9	ENiCrCoMo-1	ENiMo-1
タセト			NA117	HsB
ツルヤ工場				N-B
東海溶業				THA-B
鳥谷溶接研究所				KHB-7
日本ウエルディング・ロッド			WEL 117	
Haynes			Haynes 117	
リンカーンエレクトリック			GRINI 5	
MAGNA				Alloy"C"
Special Metals	NCO-WELD® WE686CPT®		INCONEL® WE117	
廣泰金属日本			KNi-117	

種　　　類	E Ni 1004	E Ni 1008	E Ni 1009	E Ni 1066
成　分　系	(NiMo25Cr3Fe5)	(NiMo19WCr)	(NiMo20WCu)	(NiMo28)
A　W　S	ENiMo-3	ENiMo-8	ENiMo-9	ENiMo-7
ツルヤ工場	N-W			NB-2
日鉄溶接工業			NITTETSU WELD 196 (D9Ni-2)	
MAGNA	Alloy"C"			

種　　　類	E Ni 1067	その他
成　分　系	(NiMo30Cr)	-
A　W　S	ENiMo-10	-
タセト		ML4D
特殊電極		NCR-50
ニツコー熔材工業		NIN-671 NHC-22
日本ウエルディング・ロッド		WEL HA-25
リンカーンエレクトリック		GRITHERM 85 R (Ni6617系)
METRODE (リンカーンエレクトリック)		EPRI P87

JIS Z 3224:2010

種　　　　　類	DNi-1	DNiCu-1	DNiCu-4	DNiCu-7
成　　分　　系	95Ni	65Ni-30Cu-Nb,Ta	C-65Ni-30Cu	65Ni-30Cu
呼　　　　　称	純ニッケル	モネル	モネル	モネル
新日本溶業	Ni-99	CN-30		
トーヨーメタル	Ni-100	Ni-70		
ARCOS	Nickelend 811	Monend 806	Monend 806	
世亞エサブ				NCU 70

種　　　　　類	DNiCrFe-1J	DNiCrFe-2	DNiCrFe-3	DNiMo-1
成　　分　　系	70Ni-15Cr-Nb,Ta	65Ni-15Cr-1.5Mo-Nb,Ta	60Ni-7Mn-15Cr-Nb,Ta	65Ni-28Mo-5Fe
呼　　　　　称	インコネル	インコネル	インコネル	ハステロイB
新日本溶業	Ni-1		Ni-3	HTB
ARCOS				Chlorend B
Haynes				Hastelloy B-3
キスウェル			KNCF-3	
世亞エサブ		NC20	NC30	

種　　　　　類	DNiCrMo-2	DNiCrMo-3	DNiCrMo-4	DNiCrMo-5
成　　分　　系	50Ni-22Cr-9Mo-1.5Co-0.6W	60Ni-22Cr-9Mo-3.5Nb+Ta	60Ni-15Cr-16Mo-Co-4W	60Ni-15Cr-16Mo-Co-4W
呼　　　　　称	ハステロイ	インコネル625	ハステロイC276	ハステロイC
新日本溶業				HTC N-C THA-C
Haynes	Hastelloy X	Haynes 112	Hastelloy C-276	Hastelloy C-276
SANDVIK		Sanicro 60		
世亞エサブ		NCM625		

種　　　　　類	その他
成　　分　　系	―
呼　　　　　称	―
トーヨーメタル	Ni-50 Ni-75
EUTECTIC	2222 6800

ニッケル及びニッケル合金溶接用の溶加棒, ソリッドワイヤ及び帯 (ティグ)

JIS Z 3334:2017

種　　　類	S Ni2061	S Ni2061J	S Ni4060	S Ni6072
成　分　系	(NiTi3)	–	(NiCu30Mn3Ti)	(NiCr44Ti)
A　W　S	ERNi-1	ERNi-1	ERNiCu-7	ERNiCr-4
タセト	TGNi		TGML	
ツルヤ工場		TR-61	TR-60	
東海溶業	T-Ni		TIA-G	
特殊電極	T-NIB		T-NIA	
特殊溶接棒	TT-N1		TT-NCu7	
鳥谷溶接研究所	KN-61R		KM-60R	INT-45R
ナイス	Nic T4-Ni		Nic T4-Mo7	
ニツコー熔材工業	N-100R		NME-R	
日鉄溶接工業	YT-NIC			
日本ウエルディング・ロッド	WEL TIG Ni-1	WEL TIG Ni-1	WEL TIG MOCU-7	
Haynes		Haynes N61	Haynes M418	
Special Metals	Nickel FM61		MONEL® FM60	INCONEL® FM72
リンカーンエレクトリック	GRINI T-Nickel		GRINI T-NiCu	
	LNT NiTi		LNT NiCu 70/30	
METRODE (リンカーンエレクトリック)	Nickel 2Ti		65NiCu	
MAGNA				マグナ8N12T
Böhler Welding	UTP A80 Ni		UTP A 80 M	
キスウェル	KW-T61		KW-T60	
廣泰金属日本	KTS-96		KTS-60	
中鋼焊材	GT-N61		GT-N60	

種　　　類	S Ni6082	S Ni6002	S Ni6030	S Ni6052
成　分　系	(NiCr20Mn3Nb)	(NiCr21Fe18Mo9)	(NiCr30Fe15Mo5W)	(NiCr30Fe9)
A　W　S	ERNiCr-3	ERNiCrMo-2	ERNiCrMo-11	ERNiCrFe-7
神戸製鋼	TG-S70NCb			
タセト	TG82	TGHsX		
ツルヤ工場	TR-82			TR-52
東海溶業	TIC-3G			
特殊電極	T-NIC-3	T-HTL-X		
特殊溶接棒	TT-82			
鳥谷溶接研究所	INT-82R	KHX-2R		INT-52R
ナイス	Nic T4-IN82			
ニツコー熔材工業	NIN-82R	NHX-R		
日鉄溶接工業	YAWATA　FILLER 82			
日本ウエルディング・ロッド	WEL TIG 82	WEL TIG HX	WEL TIG HG-30	
	WEL TIG 82M	WEL TIG HXR		
	WEL TIG 82N			
	WEL TIG S82			
Haynes	Haynes 82	Hastelloy X	Hastelloy G-30	

ニッケル及びニッケル合金溶接用の溶加棒, ソリッドワイヤ及び帯（ティグ）

JIS Z 3334:2017

種　　類	S Ni6082	S Ni6002	S Ni6030	S Ni6052
成　分　系	(NiCr20Mn3Nb)	(NiCr21Fe18Mo9)	(NiCr30Fe15Mo5W)	(NiCr30Fe9)
A　W　S	ERNiCr-3	ERNiCrMo-2	ERNiCrMo-11	ERNiCrFe-7
リンカーンエレクトリック	GRINI T-NCF 9 LNT NiCro 70/19			
METRODE （リンカーンエレクトリック）	20.70.Nb			
Special Metals	INCONEL® FM82	INCO-WELD® FM HX		INCONEL® FM52
MAGNA	マグナ8N12T	マグナ8N12T		
Böhler Welding	UTP A 068 HH			Thermanit 690
キスウェル	KW-T82			KW-T60
現代綜合金属	ST-82			
天秦銲材工業	TGA-82			
廣泰金属日本	KTS-82	KTS-62		
中鋼焊材	GT-N82 GM-N82			

種　　類	S Ni6062	S Ni6601	S Ni6975	S Ni6985
成　分　系	(NiCr16Fe8Nb)	(NiCr23Fe15Al)	(NiCr25Mo6)	(NiCr22Fe20Mo7Cu2)
A　W　S	ERNiCrFe-5	ERNiCrFe-11	ERNiCrMo-8	ERNiCrMo-9
ツルヤ工場	TR-62	TR-601		
東海溶業	TIC-G			
特殊電極	T-NIC	T-NIC-601		
特殊溶接棒	TT-NCF5			
鳥谷溶接研究所	INT-62R	INT-601R		
ニツコー熔材工業	NIN-R	NIN-601R		
日本ウエルディング・ロッド	WEL TIG N-12	WEL TIG 601	WEL TIG 50M	
Special Metals		INCONEL® FM601		
廣泰金属日本	KTS-75	KTS-601		KTS-63

種　　類	S Ni7092	S Ni7718	S Ni8025	S Ni8065
成　分　系	(NiCr15Ti3Mn)	(Ni Fe19Cr19Nb5Mo3)	(NiFe30Cr29Mo)	(NiFe30Cr21Mo3)
A　W　S	ERNiCrFe-6	ERNiFeCr-2	-	ERNiFeCr-1
タセト	TG92			
ツルヤ工場	TR-92			
東海溶業		TIC-718G		
特殊電極		T-NIC-718		
特殊溶接棒	TT-NCF6			
鳥谷溶接研究所	INT-92R	INT-718R		
ニツコー熔材工業		NIN-718R		
日鉄溶接工業		YT-NC718		
日本ウエルディング・ロッド	WEL TIG 92	WEL TIG 718		WEL TIG 65
Haynes		Haynes 718		
Special Metals	INCONEL® FM92	INCONEL® FM718		INCONEL® FM65

ニッケル及びニッケル合金溶接用の溶加棒, ソリッドワイヤ及び帯 (ティグ)

JIS Z 3334:2017

種 類	S Ni7092	S Ni7718	S Ni8025	S Ni8065
成 分 系	(NiCr15Ti3Mn)	(Ni Fe19Cr19Nb5Mo3)	(NiFe30Cr29Mo)	(NiFe30Cr21Mo3)
A W S	ERNiCrFe-6	ERNiFeCr-2	-	ERNiFeCr-1
MAGNA	マグナ8N12T			
Böhler Welding				UTP A 4221
キスウェル		KW-T718		
廣泰金属日本	KTS-76			KTS-65

種 類	S Ni1001	S Ni1004	S Ni1066	S Ni6022
成 分 系	(NiMo28Fe)	(NiMo25Cr5Fe5)	(NiMo28)	(NiCr21Mo13Fe4W3)
A W S	ERNiMo-1	ERNiMo-3	ERNiMo-7	ERNiCrMo-10
タセト				TGHsC-22
ツルヤ工場			TRB-2	TR-22
東海溶業				THA-CG
特殊電極				T-HTL-C22
特殊溶接棒			TT-NM7	TT-C22
鳥谷溶接研究所			KHB-7R	KHC-22R
ナイス		Nic T4-IN625		
ニツコー熔材工業			NHB-2R	NHC-22R
日鉄溶接工業				YT-NC622
日本ウエルディング・ロッド		WEL TIG HW		WEL TIG HC-22
イノウエ			MA-B2W	MA22
Haynes	Hastelloy B-3	Hastelloy W		Hastelloy C-22
METRODE (リンカーンエレクトリック)			HAS B2	
MAGNA	マグナアロイCT			マグナ8N12
Special Metals				INCONEL® FM622
現代綜合金属				SMT-22
廣泰金属日本			KTS-70	KTS-22

種 類	S Ni6057	S Ni6059	S Ni6276	S Ni6625
成 分 系	(NiCr30Mo11)	(NiCr30Mo16)	(NiCr15Mo16Fe6W4)	(NiCr22Mo9Nb)
A W S	ERNiCrMo-16	ERNiCrMo-13	ERNiCrMo-4	ERNiCrMo-3
神戸製鋼				TG-SN625
タセト			TGHsC-276	TG625
ツルヤ工場			TR-276	TR-625
東海溶業			THA-C2G	TIC-625G
特殊電極			T-HTL-C2	T-NIC-625
特殊溶接棒			TT-C276	TT-625
鳥谷溶接研究所	INT-16R		KHC-276R	INT-625R
ナイス			Nic T4-HAC276	
ニツコー熔材工業			NHC-2R	NIN-625R
日鉄溶接工業			YT-HSTC2	NITTETSU FILLER 625
日本ウエルディング・ロッド	WEL TIG CRE		WEL TIG HC-4	WEL TIG 625 WEL TIG S625

ニッケル及びニッケル合金溶接用の溶加棒, ソリッドワイヤ及び帯(ティグ)

JIS Z 3334:2017

種　　　類	S Ni6057	S Ni6059	S Ni6276	S Ni6625
成　分　系	(NiCr30Mo11)	(NiCr30Mo16)	(NiCr15Mo16Fe6W4)	(NiCr22Mo9Nb)
A　W　S	ERNiCrMo-16	ERNiCrMo-13	ERNiCrMo-4	ERNiCrMo-3
イノウエ			MA276	
Haynes			Hastelloy C-276	Haynes 625
Special Metals			INCO-WELD® C-276FM	INCONEL® FM625
リンカーンエレクトリック		LNT NiCroMo 59/23	LNT NiCroMo 60/16	GRINI T-209 LNT NiCro 60/20
METRODE (リンカーンエレクトリック)		HAS 59	HAS C276	62-50
MAGNA				マグナ8N12TIG
Böhler Welding		UTP A 759	UTP A 776	UTP A 6222 Mo
キスウェル			KW-T276	KW-T625
現代綜合金属			ST-276	SMT-625
廣泰金属日本		KTS-59	KTS-17	KTS-61
中鋼焊材			GT-N276	GT-N625 HM-N625
天秦銲材工業			TGA-17	TGA-61

種　　　類	S Ni6686	S Ni 7725	S Ni6617	S Ni6231
成　分　系	(NiCr21Mo16W4)	(NiCr21Mo8Nb3Ti)	(NiCr22Co12Mo9)	(NiCr22W14Mo2)
A　W　S	ERNiCrMo-14	ERNiCrMo-15	ERNiCrCoMo-1	ERNiCrWMo-1
タセト			TG617	
ツルヤ工場			TR-617	
特殊電極			T-NIC-617	
鳥谷溶接研究所			INT-617R	
ニツコー熔材工業			NIN-617R	
日鉄溶接工業			YT-NC617	
日本ウエルディング・ロッド			WEL TIG 617	
Haynes			Haynes 617	Haynes 230-W
Special Metals	INCO-WELD® FM 686CPT®	INCO-WELD® FM 725NDUR®	INCONEL® FM617	
MAGNA		マグナ8N12	マグナ8N12	
Böhler Welding			UTP A 6170 Co	
廣泰金属日本			KTS-617	

ニッケル及びニッケル合金溶接用の溶加棒，ソリッドワイヤ及び帯（ティグ）

種　　　　類	その他
成　　分　　系	－
A　　W　　S	－
ツルヤ工場	TR-23 TR-X
特殊溶接棒	TT-C22
日本ウエルディング・ロッド	WEL TIG HA-25 WEL TIG HA-188 WEL TIG HR 6W
イノウエ	MAT21 MCアロイ MA47P
Special Metals	INCONEL® FM72M （ERNiCr-7）

種　　　　類	その他
成　　分　　系	－
A　　W　　S	－
Special Metals	INCONEL® FM52M （ERNiCrFe-7A） INCONEL® FM52MSS （ERNiCrFe-13）
リンカーンエレクトリック	LNT NiCro 31/27
MAGNA	マグナ8N12 TIG マグナアロイC TIG
廣泰金属日本	KTS-5796

種　　　　類	YNi-1	YNiCu-1	YNiCu-7	YNiCr-3
成　　分　　系	95Ni	65Ni-30Cu-Nb,Ta	65Ni-30Cu	70Ni-20Cr-2.5Nb+Ta
呼　　　　称	純ニッケル	モネル	モネル	インコネル606
EUTECTIC	TigN2-24			Tig-2222C
Haynes	Haynes 200			
MAGNA	マグナ8N12T	マグナ8N12T	マグナ8N12T	マグナ8N12T
世亞エサブ			NCU-T70R	NC-T30R
中鋼焊材				GTN82

種　　　　類	YNiCrFe-5	YNiCrFe-6	YNiMo-1	YNiMo-3
成　　分　　系	70Ni-15Cr-2.5Nb+Ta	70Ni-15Cr-2Ti	65Ni-28Mo-5Fe	65Ni-5Cr-25Mo-6Fe
呼　　　　称	インコネル604	インコネル721	ハステロイB	ハステロイW
Haynes			Hastelloy B-3	Hastelloy W
MAGNA	マグナ8N12T	マグナ8N12T	Alloy "CT"	Alloy "CT"

種　　　　類	YNiMo-7	YNiCrMo-1	YNiCrMo-2	YNiCrMo-3
成　　分　　系	70Ni-28Cr-Co-W	50Ni-22Cr-6Mo-Co-2Nb,Ta-W	50Ni-22Cr-9Mo-1.5Co-0.6W	60Ni-22Cr-9Mo-3.5Nb+Ta
呼　　　　称	ハステロイB2	ハステロイG	ハステロイX	インコネル625
Haynes	Hastelloy B-3	Hastelloy G-30	Hastelloy X	Hastelloy 625
世亞エサブ				NCM-T625
中鋼焊材				GTN625

ニッケル及びニッケル合金溶接用の溶加棒,ソリッドワイヤ及び帯(ティグ)

JIS Z 3334:1999

種　　　類	YNiCrMo-4	YNiCrMo-8	その他
成　分　系	60Ni-15Cr-16Mo-Co-3.5W	50Ni-1Cu-25Cr-6Mo-1Ti	－
呼　　　称	ハステロイC276	ハステロイG2	－
EUTECTIC			Tig-2222 Tig-2222M Tig-6800 Tig-6800X
Haynes	Hastelloy C-276		
MAGNA	Alloy"CT"	Alloy"CT"	Alloy"CT" マグナ8N12T

ニッケル及びニッケル合金溶接用の溶加棒, ソリッドワイヤ及び帯 (ミグ)

JIS Z 3334 : 2017

種類	S Ni2061	S Ni2061J	S Ni4060	S Ni6072
成分系	(NiTi3)	–	(NiCu30Mn3Ti)	(NiCr44Ti)
A　　W　　S	ERNi-1	ERNi-1	ERNiCu-7	ERNiCr-4
タセト	MGNi		MGML	
ツルヤ工場		TR-61	TR-60	
東海溶業	M-Ni		M-TIA	
特殊電極	M-NIB		M-NIA	
鳥谷溶接研究所	KN-61M		KM-60M	INT-45M
ナイス	Nic M4-Ni		NicM4-Mo7	
ニツコー熔材工業	N-100M		NME-M	
日本ウエルディング・ロッド	WEL MIG Ni-1 WEL SUB Ni-1	WEL MIG Ni-1	WEL MIG MOCU-7 WEL SUB MOCU-7	
Haynes	Haynes N61		Haynes M418	
Special Metals	Nickel FM61		MONEL® FM60	INCONEL® FM72
リンカーンエレクトリック	GRINI S-Nickel LNM NiTi		GRINI S-NiCu LNM NiCu 70/30	
Böhler Welding	UTP A 80 Ni		UTP A 80 M	
キスウェル	KW-M61		KW-M60	
廣泰金属日本	KMS-96		KMS-60	
中鋼焊材	GM-N61		GM-N60	

種類	S Ni6082	S Ni6002	S Ni6052	S Ni6062
成分系	(NiCr20Mn3Nb)	(NiCr21Fe18Mo9)	(NiCr30Fe9)	(NiCr16Fe8Nb)
A　　W　　S	ERNiCr-3	ERNiCrMo-2	ERNiCrFe-7	ERNiCrFe-5
神戸製鋼	MG-S70NCb			
タセト	MG82			
ツルヤ工場	TR-82		TR-52	TR-62
東海溶業	M-TIC-3			M-TIC
特殊電極	M-NIC-3	M-HTL-X		M-NIC
鳥谷溶接研究所	INT-82M		INT-52M	
ナイス	Nic M4-IN82			
ニツコー熔材工業	NIN-82M			NIN-M
日鉄溶接工業	YAWATA　FILLER 82			
日本ウエルディング・ロッド	WEL MIG 82 WEL MIG 82M WEL MIG 82N WEL SUB 82	WEL MIG HX		WEL MIG N-12
Haynes	Haynes 82	Hastelloy X		
リンカーンエレクトリック	GRINI S-NCF 9 LNM NiCro 70/19			
METRODE (リンカーンエレクトリック)	20.70.Nb			
Special Metals	INCONEL® FM82	INCO-WELD® FM HX	INCONEL® FM52	
Böhler Welding	UTP A 068 HH		Thermanit690	
キスウェル	KW-M82		KW-M690	

ニッケル及びニッケル合金溶接用の溶加棒,ソリッドワイヤ及び帯(ミグ)

JIS Z 3334 : 2017

種　　　類	S Ni6082	S Ni6002	S Ni6052	S Ni6062
成　分　系	(NiCr20Mn3Nb)	(NiCr21Fe18Mo9)	(NiCr30Fe9)	(NiCr16Fe8Nb)
A　W　S	ERNiCr-3	ERNiCrMo-2	ERNiCrFe-7	ERNiCrFe-5
現代綜合金属	SM-82			
廣泰金属日本	KMS-82	KMS-62		KMS-75
天秦銲材工業	MIG-82			

種　　　類	S Ni6601	S Ni6975	S Ni6985	S Ni7092
成　分　系	(NiCr23Fe15Al)	(NiCr25Mo6)	(NiCr22Fe20Mo7Cu2)	(NiCr15Ti3Mn)
A　W　S	ERNiCrFe-11	ERNiCrMo-8	ERNiCrMo-9	ERNiCrFe-6
タセト				MG92
ツルヤ工場	TR-601			TR-92
特殊電極	M-NIC-601			
鳥谷溶接研究所	INT-601M			INT-92R
ニツコー熔材工業	NIN-601M			
日本ウエルディング・ロッド		WEL MIG 50M		WEL MIG 92
Special Metals	INCONEL® FM601			INCONEL® FM92
廣泰金属日本	KMS-601			KMS-76

種　　　類	S Ni7718	S Ni8025	S Ni8065	S Ni1001
成　分　系	(NiFe19Cr19Nb5Mo3)	(NiFe30Cr29Mo)	(NiFe30Cr21Mo3)	(NiMo28Fe)
A　W　S	ERNiFeCr-2	–	ERNiFeCr-1	ERNiMo-1
特殊電極	M-NIC-718			
鳥谷溶接研究所	INT-718M			
ニツコー熔材工業	NIN-718M			
Haynes	Haynes 718			
Special Metals	INCONEL® FM718		INCONEL® FM65	
キスウェル	KW-M718			
廣泰金属日本			KMS-65	

種　　　類	S Ni1004	S Ni1066	S Ni6022	S Ni6057
成　分　系	(NiMo25Cr5Fe5)	(NiMo28)	(NiCr21Mo13Fe4W3)	(NiCr30Mo11)
A　W　S	ERNiMo-3	ERNiMo-7	ERNiCrMo-10	ERNiCrMo-16
タセト			MGHsC-22	
ツルヤ工場	TRB-2		TR-22	
東海溶業		M-THA	M-THA-C	
特殊電極			M-HTL-C22	
鳥谷溶接研究所		KHB-7M	KHC-22M	INT-16M
ナイス	Nic M4-IN625			
日本ウエルディング・ロッド	WEL MIG HW		WEL MIG HC-22 WEL SUB HC-22	
イノウエ		MA-B2W	MA22	
Haynes	Hastelloy W	Hastelloy B-3	Hastelloy C-22	

ニッケル及びニッケル合金溶接用の溶加棒, ソリッドワイヤ及び帯（ミグ）

JIS Z 3334 : 2017

種　　　　類	S Ni1004	S Ni1066	S Ni6022	S Ni6057
成　　分　　系	(NiMo25Cr5Fe5)	(NiMo28)	(NiCr21Mo13Fe4W3)	(NiCr30Mo11)
A　　W　　S	ERNiMo-3	ERNiMo-7	ERNiCrMo-10	ERNiCrMo-16
Special Metals			INCONEL® FM622	
廣泰金属日本		KMS-70	KMS-22	

種　　　　類	S Ni6059	S Ni6276	S Ni6625	S Ni6686
成　　分　　系	(NiCr30Mo16)	(NiCr15Mo16Fe6W4)	(NiCr22Mo9Nb)	(NiCr21Mo16W4)
A　　W　　S	ERNiCrMo-13	ERNiCrMo-4	ERNiCrMo-3	ERNiCrMo-14
タセト		MGHsC-276	MG625	
ツルヤ工場		TR-276	TR-625	
特殊電極		M-HTL-C2	M-NIC-625	
鳥谷溶接研究所		KHC-276M	INT-625M	
ナイス		Nic M4-HAC276		
ニツコー熔材工業		NHC-2M	NIN-625M	
日本ウエルディング・ロッド		WEL MIG HC-4 WEL SUB HC-4	WEL MIG 625 WEL SUB 625	
イノウエ		MA276		
Haynes		Hastelloy C-276	Haynes 625	
リンカーンエレクトリック		LNM NiCroMo 60/16	GRINI S-209 LNM NiCro 60/20	
METRODE (リンカーンエレクトリック)	HAS 59	HAS C276	62-50	
Special Metals		INCO-WELD® FM C-276	INCONEL® FM625	INCO-WELD® FM 686CPT®
Böhler Welding	UTP A 759		UTP A 6222 Mo-3	UTP A 786
キスウェル		KW-M276	KW-M625	
現代綜合金属		SM-276	SMT-625	
廣泰金属日本	KMS-59	KMS-17	KMS-61	
中鋼焊材		GM-N276		
天泰銲材工業		MIG-17	MIG-61	

種　　　　類	S Ni 7725	S Ni6617	S Ni6231	その他
成　　分　　系	(NiCr21Mo8Nb3Ti)	(NiCr22Co12Mo9)	(NiCr22W14Mo2)	-
A　　W　　S	ERNiCrMo-15	ERNiCrCoMo-1	ERNiCrWMo-1	-
タセト		MG617		
ツルヤ工場		TR-617		TR-23 TR-X
特殊電極		M-NIC-617		
鳥谷溶接研究所		INT-617M		
ニツコー熔材工業		NIN-617M		
日本ウエルディング・ロッド		WEL MIG 617		
イノウエ				MAT21

ニッケル及びニッケル合金溶接用の溶加棒, ソリッドワイヤ及び帯(ミグ)

JIS Z 3334 : 2017

種　　　　類	S Ni 7725	S Ni6617	S Ni6231	その他
成　分　系	(NiCr21Mo8Nb3Ti)	(NiCr22Co12Mo9)	(NiCr22W14Mo2)	－
A　　W　　S	ERNiCrMo-15	ERNiCrCoMo-1	ERNiCrWMo-1	－
イノウエ				MCアロイ MA47P
Haynes		Haynes 617	Haynes 230-W	
リンカーンエレクトリック				LNM NiFe
Special Metals	INCO-WELD® FM 725NDUR®	INCONEL® FM617		INCONEL® FM72M （ERNiCr-7） INCONEL® FM52M （ERNiCrFe-7A） INCONEL® FM52MSS （ERNiCrFe-13）
Böhler Welding		UTP A 6170 Co		
キスウェル		KW-M617		
廣泰金属日本			KMS-617	KMS-63 KMS-5796

JIS Z 3334:1999

種　　　　類	YNi-1	YNiCu-7	YNiCr-3	YNiCrFe-5
成　分　系	95Ni	65Ni-30Cu	70Ni-20Cr-2.5Nb+Ta	70Ni-15Cr-2.5Nb+Ta
呼　　　　称	純ニッケル	モネル	インコネル606	インコネル604
特殊溶接棒	TM-N1	TM-NCu7	TM-82 TM-NC3	TM-62
現代綜合金属	SM-60	SM-400	SM-82	
世亞エサブ		NCu-M70R	NC-M30R	
中鋼焊材			GMN82	

種　　　　類	YNiCrFe-6	YNiMo-1	YNiMo-3	YNiMo-7
成　分　系	70Ni-15Cr-2Ti	65Ni-28Mo-5Fe	65Ni-5Cr-25Mo-6Fe	70Ni-28Cr-Co-W
呼　　　　称	インコネル721	ハステロイB	ハステロイW	ハステロイB2
特殊溶接棒	TM-NCF6			TM-NM7
Haynes		Hastelloy B-3	Hastelloy W	

ニッケル及びニッケル合金溶接用の溶加棒，ソリッドワイヤ及び帯（ミグ）

JIS Z 3334:1999

種　　　　　類	YNiCrMo-1	YNiCrMo-2	YNiCrMo-3	YNiCrMo-4
成　　分　　系	50Ni-22Cr-6Mo-Co-2Nb,Ta-W	50Ni-22Cr-9Mo-1.5Co-0.6W	60Ni-22Cr-9Mo-3.5Nb+Ta	60Ni-15Cr-16Mo-Co-3.5W
呼　　　　　称	ハステロイG	ハステロイX	インコネル625	ハステロイC276
特殊溶接棒			TM-NCM3	TM-C276
タセト			MG625	MGHsC-276
ツルヤ工場	TR-G MIG	TR-X MIG	TR-625 MIG	TR-C276MIG
Haynes	Hastelloy G-30	Hastelloy X	Haynes 625	Hastelloy C276
現代綜合金属			SMT-625	SM-276
世亞エサブ			NCM-M625	
中鋼焊材			GMN625	

種　　　　　類	その他
成　　分　　系	－
呼　　　　　称	－
特殊溶接棒	TM-NCM10
	（ERNiCrMo-10）
EUTECTIC	EC-2222
	EC-2222C
	EC-6800
	EC-6800X
現代綜合金属	SM-718

ニッケル及びニッケル合金アーク溶接フラックス入りワイヤ

JIS Z 3335:2014

種類 ( )内は化学成分表記の記号	T Ni 6276-BM 0 (NiCr15Mo15Fe6W4)	T Ni 6276-PB 0 (NiCr15Mo15Fe6W4)	T Ni 6276-PM 1 (NiCr15Mo15Fe6W4)	T Ni 6022-BM 0 (NiCr21Mo13W3)
溶着金属の成分系	ハステロイ系	ハステロイ系	ハステロイ系	ハステロイ系
シールドガスの種類	Ar+20/25CO_2	Ar+CO_2 or CO_2	Ar+20/25CO_2	Ar+20/25CO_2
溶接姿勢	下向・水平すみ肉用	下向・水平すみ肉用	全姿勢用	下向・水平すみ肉用
タセト		GFWHsC276		GFWHsC-22
日本ウエルディング・ロッド	WEL FCW HC-4		WEL FCW AHC-4	

種類 ( )内は化学成分表記の記号	T Ni 6022-BM 0 (NiCr21Mo13W3)	T Ni 6082-BM 0 (NiCr20Mn3Nb)	T Ni 6082-PB 0 (NiCr20Mn3Nb)	T Ni 6082-PM 1 (NiCr20Mn3Nb)
溶着金属の成分系	ハステロイ系	インコネル系	インコネル系	インコネル系
シールドガスの種類	Ar+20/25CO_2	Ar+20/25CO_2	Ar+CO_2 or CO_2	Ar+20/25CO_2
溶接姿勢	下向・水平すみ肉用	下向・水平すみ肉用	下向・水平すみ肉用	全姿勢用
タセト			GFW82	
日本ウエルディング・ロッド	WEL FCW HC-22	WEL FCW 82		WEL FCW A82

種類 ( )内は化学成分表記の記号	T Ni 6625-BM 0 (NiCr22Mo9Nb)	T Ni 6625-PB 1 (NiCr22Mo9Nb)	T Ni 6625-PB 0 (NiCr22Mo9Nb)	T Ni 6625-PM 1 (NiCr22Mo9Nb)
溶着金属の成分系	インコネル系	インコネル系	インコネル系	インコネル系
シールドガスの種類	Ar+20/25CO_2	CO_2, Ar+20/25CO_2	Ar+CO_2 or CO_2	Ar+20/25CO_2
溶接姿勢	下向・水平すみ肉用	全姿勢用	下向・水平すみ肉用	全姿勢用
タセト			GFW625	
日本ウエルディング・ロッド	WEL FCW 625	WEL FCW A625		WEL FCW A625E

AWS A5. 34:2013

種類 ( )内はISOフォーマット	ENiCrMo4T0-4 (TNi 6276-04)	ENiCrMo4T1-4 (TNi 6276-14)	ENiCrMo10T0-4 (TNi 6022-04)	ENiCr3T0-4 (TNi 6082-04)
溶着金属の成分系	ハステロイ系	ハステロイ系	ハステロイ系	インコネル系
シールドガスの種類	Ar+CO_2	Ar+CO_2	Ar+CO_2	Ar+CO_2
神戸製鋼		DW-NC276		DW-N82
タセト	GFWHsC276		GFWHsC-22	GFW82
日本ウエルディング・ロッド	WEL FCW HC-4	WEL FCW AHC-4	WEL FCW HC-22	WEL FCW 82
Böhler Welding				UTP AF 068 HH

ニッケル及びニッケル合金アーク溶接フラックス入りワイヤ

種 類 ( )内はISOフォーマット	ENiCrMo3T0-4 (TNi 6625-04)	ENiCrMo3T1-4 (TNi 6625-14)	ENiCrMo3T1-1/4 (TNi 6625-14)	ENiCr3T1-4 (TNi 6082-14)
溶 着 金 属 の 成 分 系	インコネル系	インコネル系	インコネル系	インコネル系
シ ー ル ド ガ ス の 種 類	Ar+CO$_2$	Ar+CO$_2$	Ar+CO$_2$orCO$_2$	Ar+CO$_2$
神戸製鋼		DW-N625		
タセト	GFW625			
日本ウエルディング・ロッド	WEL FCW 625	WEL FCW A625E	WEL FCW A625	WEL FCW A82
Böhler Welding		UTP AF 6222 MoPW		

ニッケル・ニッケル合金用帯状電極材料

帯状電極（フープ）

種 類	B Ni6082	B Ni6625	B Ni6276	その他
日本ウエルディング・ロッド	WEL ESS 82 WEL BND 82	WEL ESS 625	WEL ESS HC-4	
Böhler Welding	Soudotape NiCr3	Soudotape 625	Soudotape NiCrMo4	Soudotape NiCu7 Soudotape NiCrMo22 Soudotape 825

フープ／フラックス組合せ

種 類 組 合 せ	インコネル フープ／フラックス	モネル フープ／フラックス	その他 フープ／フラックス
神戸製鋼	US-B70N/MF-B70N US-B70N/PF-B70N		
日本ウエルディング・ロッド	WEL ESS 82 　/WEL ESB F-82 WEL ESS 625 　/WEL ESB F-625		WEL ESS HC-4 　/WEL ESB F-HC4
Böhler Welding	Soudotape NiCr3 　/Record EST 236 Soudotape 625 　/Record EST 625-1 Soudotape NiCrMo4 　/Record EST 259	Soudotape NiCu7 　/Record EST 400	

種　　　　　類	S Ti0100	S Ti0100J	S Ti0120	S Ti0120J
ワ イ ヤ の 成 分 系	Ti99.8	Ti99.8J	Ti99.6	Ti99.6J
大同特殊鋼		WT1(WY) WT1G(WY)		WT2(WY) WT2G(WY)
タセト	TGTi-1 MGTi-1	TGTiA MGTiA	TGTi-2 MGTi-2	TGTiB MGTiB
ツルヤ工場		TR-Ti-1		TR-Ti-2
東海溶業		M-Ti1		
トーホーテック		B-TIA W-TIA		B-TIB W-TIB
特殊電極	T-Ti M-Ti		T-Ti(2)	
特殊溶接棒		TT-Ti 28		TT-Ti 35
ナイス		Titan TTW-28		Titan TTW-35
永岡鋼業		YTB270 YTW270		YTB340 YTW340
ニツコー熔材工業		NTI-R NTI-M		NTI-2R NTI-2M
日鉄溶接工業		Ti-28		Ti-35
日本ウエルディング・ロッド	WEL TIG Ti-1		WEL TIG Ti-2	

種　　　　　類	S Ti0125	S Ti0125J	S Ti0130	S Ti2251
ワ イ ヤ の 成 分 系	Ti99.5	Ti99.5J	Ti99.3	TiPd0.2
大同特殊鋼		WT3(WY) WT3G(WY)		
タセト	TGTi-3 MGTi-3	TGTiC	TGTi-4 MGTi-4	TGTi-11 MGTi-11
トーホーテック		B-TIC W-TIC		
特殊電極				T-Ti(Pd) M-Ti(Pd)
特殊溶接棒		TT-Ti49		
ニツコー熔材工業		NTI-3R NTI-3M		
日鉄溶接工業		Ti-49		
日本ウエルディング・ロッド	WEL TIG Ti-3			WEL TIG TiPd-1

種　　　　　類	S Ti2251J	S Ti2401	S Ti2401J	S Ti6320
ワ イ ヤ の 成 分 系	TiPd0.2J	TiPd0.2A	TiPd0.2AJ	TiAl3V2.5
タセト	TGTiA-Pd MGTiA-Pd	TGTi-7 MGTi-7	TGTiB-Pd MGTiB-Pd	
ツルヤ工場	TR-Ti-Pd		TR-Ti-Pd2	
トーホーテック			B-T15PB W-T15PB	
ニツコー熔材工業	NTI-7R			NTI-325R

チタン及びチタン合金溶接用の溶加棒及びソリッドワイヤ

JIS Z 3331:2011

種　　　　　類	S Ti2251J	S Ti2401	S Ti2401J	S Ti6320
ワ イ ヤ の 成 分 系	TiPd0.2J	TiPd0.2A	TiPd0.2AJ	TiAl3V2.5
ニツコー熔材工業	NTI-7M			NTI-325M
日本ウエルディング・ロッド		WEL TIG TiPd-2		

種　　　　　類	S Ti6321	S Ti6321J	S Ti6400	S Ti6400J
ワ イ ヤ の 成 分 系	TiAl3V2.5A	TiAl3V2.5AJ	TiAl6V4	TiAl6V4J
大同特殊鋼				WAT5G(WY)
タセト			TGTi-5	TGTi6Al-4V
ツルヤ工場				TR-Ti-640
トーホーテック				B-T64 W-T64
永岡鋼業	YTAB3250 YTAW3250			
ニツコー熔材工業		NTI-325ELR NTI-325ELM		NTI-64R NTI-64M
日鉄溶接工業				Ti-640
日本ウエルディング・ロッド			WEL TIG Ti-64	

種　　　　　類	S Ti6408	S Ti6408J
ワ イ ヤ の 成 分 系	TiAl6V4A	TiAl6V4AJ
ニツコー熔材工業		NTI-64ELR NTI-64ELM
日鉄溶接工業		Ti-640E
日本ウエルディング・ロッド	WEL TIG Ti-64E	

アルミニウム及びアルミニウム合金の溶加棒及び溶接ワイヤ

JIS Z 3232:2009

種　　　　　類	A1070-WY	A1100-WY	A1200-WY	A2319-WY
溶　接　法	ミグ	ミグ	ミグ	ミグ
シールドガスの種類	Ar	Ar	Ar	Ar
神戸製鋼	A1070-WY	A1100-WY		
住友電気工業	A1070-WY	A1100-WY		
タセト	MG1070	MG1100		
東海溶業	A-70M	A-11M		
トーヨーメタル	TA-1070	TA-1100	TA-1200	
特殊電極	M-ALPS	M-ALP3		
特殊溶接棒	M-A1070	M-A1100	M-A1200	
鳥谷溶接研究所	A1070WY	A1100WY		
ナイス	Alu M1070	Alu M1100		
日軽産業	A1070-WY	A1100-WY	A1200-WY	
日本ウエルディング・ロッド		WEL MIG A1100WY		
リンカーンエレクトリック		LNM Al99.5		
SAFRA	サフラA1070WY	サフラA1100WY		

種　　　　　類	A4043-WY	A5554-WY	A5654-WY	A5356-WY
溶　接　法	ミグ	ミグ	ミグ	ミグ
シールドガスの種類	Ar	Ar	Ar	Ar
神戸製鋼	A4043-WY	A5554-WY		A5356-WY
住友電気工業	A4043-WY	A5554-WY		A5356-WY
タセト	MG4043			MG5356
東海溶業	A-43M	A-554M		A-356M
トーヨーメタル	TA-4043	TA-5554	TA-5654	TA-5356
特殊電極				M-ALC2
特殊溶接棒	M-A4043	M-A5554		M-A5356
鳥谷溶接研究所	A4043WY			A5356WY
ナイス	Alu M4043	Alu M5554		Alu M5356
日軽産業	A4043-WY	A5554-WY		A5356-WY
日本ウエルディング・ロッド	WEL MIG A4043WY			WEL MIG A5356WY
リンカーンエレクトリック	GRILUMIN S-AlSi 5 LNM AlSi5 SuperGlaze 4043	SuperGlaze 5554		GRILUMIN S-AlMg 5 LNM AlMg5 SuperGlaze 5356
MAGNA	マグナ55MIG			
SAFRA	サフラA4043WY			サフラA5356WY

種　　　　　類	A5556-WY	A5183-WY	その他
溶　接　法	ミグ	ミグ	ミグ
シールドガスの種類	Ar	Ar	Ar
神戸製鋼		A5183-WY	
住友電気工業	A5556-WY	A5183-WY	A4047-WY
タセト		MG5183	

- 176 -

アルミニウム及びアルミニウム合金の溶加棒及び溶接ワイヤ

JIS Z 3232:2009

種　　　　　類	A5556-WY	A5183-WY	その他
溶　　接　　法	ミグ	ミグ	ミグ
シールドガスの種類	Ar	Ar	Ar
東海溶業	A-556M		
トーヨーメタル	TA-5556	TA-5183	TS-5154
特殊電極		M-ALC7	
特殊溶接棒		M-A5183	
鳥谷溶接研究所		A5183WY	
ナイス		Alu M5183	Alu M4047
日軽産業	A5556-WY	A5183-WY	A4047-WY
日本ウエルディング・ロッド		WEL MIG A5183WY	
EUTECTIC			EC-190 EC-196 EC-220 EC-220-4N EC-230
リンカーンエレクトリック	SuperGlaze 5556	GRILUMIN S-5183 LNM AlMg4.5Mn SuperGlaze 5183	GRILUMIN S-AlMg 3 GRILUMIN S-MG45 LNM AlSi12 SuperGlaze 4047
MAGNA			マグナ55MIG
SAFRA		サフラA5183WY	

種　　　　　類	A1070-BY	A1100-BY	A1200-BY	A2319-BY
溶　　接　　法	ティグ	ティグ	ティグ	ティグ
シールドガスの種類	Ar	Ar	Ar	Ar
神戸製鋼	A1070-BY	A1100-BY		
住友電気工業	A1070-BY	A1100-BY		
タセト	TG1070	TG1100		
東海溶業		A-11T		
トーヨーメタル	TA-1070	TA-1100	TA-1200	
特殊電極	T-ALPS	T-ALP3		
特殊溶接棒	T-A1070	T-A1100		
鳥谷溶接研究所	A1070BY	A1100BY		A2319-BY
ナイス	Alu T1070	Alu T1100		
日軽産業	A1070-BY	A1100-BY	A1200-BY	
日本ウエルディング・ロッド		WEL TIG A1100BY		
リンカーンエレクトリック		GRILUMIN T-Al 99.8 GRILUMIN T-AL 99.5 Ti LNT Al99.5		
SAFRA	サフラA1070BY	サフラA1100BY		

アルミニウム及びアルミニウム合金の溶加棒及び溶接ワイヤ

種類	A4043-BY	A4047-BY	A5554-BY	A5356-BY
溶接法	ティグ		ティグ	ティグ
シールドガスの種類	Ar		Ar	Ar
エコウエルディング	EC55			
神戸製鋼	A4043-BY		A5554-BY	A5356-BY
住友電気工業	A4043-BY		A5554-BY	A5356-BY
タセト	TG4043			TG5356
東海溶業	A-43T			A-356T
トーヨーメタル	TA-4043		TA-5554	TA-5356
特殊電極	T-AL43S	T-AL10Si		T-ALC2
特殊溶接棒	T-A4043			T-A5356
鳥谷溶接研究所	A4043BY			A5356BY
ナイス	Alu T4043	Alu T4047		Alu T5356
日軽産業	A4043-BY			A5356-BY
日本ウエルディング・ロッド	WEL TIG A4043BY			WEL TIG A5356BY
リンカーンエレクトリック	GRILUMIN T-AlSi 5 LNT AlSi5 SuperGlaze 4043			GRILUMIN T-AlMg 5 LNT AlMg5 SuperGlaze 5356
MAGNA	マグナ55TIG			
SAFRA	サフラA4043BY			サフラA5356BY

種類	A5556-BY	A5183-BY	その他
溶接法	ティグ	ティグ	ティグ
シールドガスの種類	Ar	Ar	Ar
神戸製鋼		A5183-BY	
住友電気工業	A5556-BY	A5183-BY	A4047-BY
タセト		TG5183	
東海溶業	A-556T	A-83T	
トーヨーメタル	TA-5556	TA-5183	TCW-107 TS-5154
特殊電極		T-ALC7	
特殊溶接棒	T-A5556	T-A5183	
鳥谷溶接研究所		A5183BY	A4047-BY AH-100
ナイス		Alu T5183	Alu T5554
日軽産業	A5556-BY	A5183-BY	A4047-BY
日本ウエルディング・ロッド		WEL TIG A5183BY	
EUTECTIC			2101 T-21 T-23

アルミニウム及びアルミニウム合金の溶加棒及び溶接ワイヤ

JIS Z 3232:2009

種　　　　　類	A5556-BY	A5183-BY	その他
溶　接　法	ティグ	ティグ	ティグ
シールドガスの種類	Ar	Ar	Ar
リンカーンエレクトリック		LNT AlMg4.5Mn GRILUMIN T-5183	GRILUMIN T-AlMg 3 GRILUMIN T-AlSi 12 GRILUMIN T-MG45 LNT AlSi12
MAGNA			マグナ55MIG
SAFRA		サフラA5183BY	

種　　　　　　類	軟鋼(JIS Z3201)	低合金鋼	鋳鉄(JIS Z3252)	真鍮・砲金
新日本溶業			キャスロンDG キャスロンG	
東海溶業			TC-5 TC-5D	NB-1 NB-2
東京溶接棒			鋳物棒	
トーヨーメタル			200 203 210 255 270	T-201 T-202 T-203 T-204
特殊電極			CF-G(C)	
特殊溶接棒			DCI-G DCI-G2 FC-G	TT-CUB
鳥谷溶接研究所			KC-1G KC-DG	KCUB-3R
ナイス				Bras64 Bronic65
ニツコー熔材工業	OSS-22(GB-32)			NTB-08M NTB-08R NCZ-FR NCZ-R
菱小				EXTRON
ARCOS				Compronar 920A Compronar 920C Compronar 950 Silber
EUTECTIC			141	18/18XFC
リンカーンエレクトリック	GRIDUCT G-V1 LNG Ⅰ LNG Ⅱ LNG Ⅲ GRIDUCT G-V2 GRIDUCT G-V20	GRDUCT G-KEMO GRITHERM G-3 GRITHERM G-5 LNG Ⅳ		
MAGNA	マグナ31	マグナ33F マグナ75F マグナ77F	マグナ70 マグナ75F マグナ77F	マグナ27 マグナ75F マグナ77F
現代綜合金属	SA-35 SA-43 SA-46 SB-32 SB-35			

ガス溶加棒

種　　　類	軟鋼(JIS Z3201)	低合金鋼	鋳鉄(JIS Z3252)	真鍮・砲金
現代綜合金属	SB-43 SB-46			

種　　　類	トービン・ブロンズ	マンガン・ブロンズ	エバジュール	アルミニウム
日本エア・リキード	トビノ グリーントビノ 赤トビノ TB-A TB-C TB-N TN-1			
新日本溶業	AW-トービン AW-トービンS			
進和	シンワSGブロンズ		ミグブレージング ワイヤーSW-C	
大進工業研究所	ダイシンブロンズ 　Nタイプ ダイシンブロンズ 　NSタイプ		ミグブレージング ワイヤーDIL350N	アルミコアード ワイヤーDCW
タセト	タセトービン		GE960	
ツルヤ工場	ツルヤ・トービン ツルヤ・ブロンズ		TCu-2R	DX-2 ツルヤ・シルミン
東海溶業	TB TB-2 TB-3 TB-3S TB-4 TB-4S TB-A TBブロンズ		EB-G	
東京溶接棒	エーストービン ネオトービン			
トーヨーメタル	TC-202 TC-203 トーヨービンA トーヨービンB トーヨービンC トーヨービンS	トーヨービンC	TC-235	TA-100 TA-107 TA-109 TCW-107 T-50DC
特殊電極	COB COB-2 T-COB COB-S		T-CUS	

ガス溶加棒

種　　　　類	トービン・ブロンズ	マンガン・ブロンズ	エバジュール	アルミニウム
特殊溶接棒	TCOB TCOB-1 TCOB-2 TCOB-N		TG-CUS1 TG-CUS2	
鳥谷溶接研究所	HFブロンズ KSトービン NIブロンズ SBブロンズ		KCuS-25 KCuS-35	
ナイス	Bron68			Alu 17 Alu 19
ニツコー熔材工業	日亜トービン 日亜トービンR 日亜トービンS 日亜トービンY			NFG-4047
EUTECTIC	16/N16FC			190 21FC
MAGNA	マグナ75F マグナ77F	マグナ33F マグナ75F	マグナ66 マグナ75F マグナ77F	マグナ51 マグナ55 マグナ56C

種　　　　類	硬化肉盛Co基合金	硬化肉盛Ni基合金	真鍮・砲金	その他
大進工業研究所			ダイシンブロンズ #11	
タセト	SL11 SL33 SL66			
東海溶業	TST-1G TST-2G TST-3G TST-21G	CM-4 CM-5 CM-6		TTC-G
東京溶接棒	コンポジット			
特殊電極	STL-1G STL-2G STL-3G STL-21G	NCR-G6MOD		NWC-G TWC-1G トクデンウエルスター
特殊溶接棒	TH-STL No.1G TH-STL No.3G TH-STL No.6G TH-STL No.12G TH-STL No.21G	G-NCB4 G-NCB5 G-NCB6		TWC-3G TWC-2G TWC-1G HC-65G HC-70G WCG4 ECG5 WCG7

ガス溶加棒

種　　　　類	硬化肉盛Co基合金	硬化肉盛Ni基合金	真鍮・砲金	その他
鳥谷溶接研究所	KST-1R	NCB-4R		FCW-40R
	KST-6R	NCB-5R		KH-950G
	KST-12R	NCB-6R		KH-950GS
	KST-20R	NCB-56R		KH-950GL
	KST-21R	NCB-60R		NCW-35R
	KST-25R			NCW-50R
				コンポジット-60N
				コンポジット-70B
ナイス	Hard 97-21	Hard 99W		
	（ティグ溶接用）			
	Hard 97A			
	Hard 97B			
	Hard 97C			
ニツコー熔材工業	NST-1R	NCH-4R		BK-950R
	NST-6R	NCH-5R		BK-950RF
	NST-12R	NCH-6R		DTW-3500
	NST-21R	NCH-56R		DTW-5000
				NCW-35R
				NCW-60R
日本精線	ナスライトNo.1			
	ナスライトNo.1A			
	ナスライトNo.6			
	ナスライトNo.12			
	ナスライトNo.21			
日立金属	MHA No.400	MHA No.700		
	MHA No.800			
	ビシライト No.1			
	ビシライト No.6			
	ビシライト No.6H			
	ビシライト No.12			
	ビシライト No.12H			
	ビシライト No.21			
	ビシライト No.21E			
	ビシライト No.32			
	ビシライト No.190			
	ビシライト No.1016			
EUTECTIC	91-1	90185		11
	91-6	9000		8800P
	91-12			8800Y
				8800B
				8800G
				R8811
				7888T
				7888SH

ガス溶加棒

種　　　　類	硬化肉盛Co基合金	硬化肉盛Ni基合金	真鍮・砲金	その他
KENNAMETAL STELLITE	Stellite 1 Stellite 6 Stellite 12 Stellite 20 Stellite 21 Stellite F	Deloro 30 Deloro 40 Deloro 50 Deloro 56 Deloro 60		
MAGNA				マグナ35 マグナ37 マグナ38 マグナ65 マグナ67F マグナ79 マグナ88C
TECHNOGENIA		テクノスフェア GN テクノスフェア GG テクノスフェア TGG		

その他

種　　　　　類	その他
MAGNA	マグナ35
	マグナ37
	マグナ38
	マグナ65
	マグナ67F
	マグナ79
	マグナ88C

関連資材
メーカー一覧

エンドタブメーカー一覧

会　社　名	所　在　地
㈱エーホー	〒214-0021　川崎市多摩区宿河原2-23-3 http://www.kk-eiho.com
コンドーテック㈱	〒550-0024　大阪市西区境川2-2-90 http://www.kondotec.co.jp
㈱正栄商会	〒136-0071　東京都江東区亀戸6-55-20（大進ビル3F） http://www.kk-shouei.co.jp
㈱スノウチ	〒279-0024　浦安市港46 https://www.sunouchi.co.jp
㈱中村鐵工所	〒270-1403　白井市河原子大割245-2
日鉄溶接工業㈱	〒135-0016　東京都江東区東陽2-4-2（新宮ビル2F） https://www.weld.nipponsteel.com
ハギワラタブ㈱	〒274-0082　船橋市大神保町1349-6 http://www.hagiwara-tab.co.jp/
フルサト工業㈱	〒540-0024　大阪市中央区南新町1-2-10 http://www.furusato.co.jp
名東産業㈱	〒485-0059　小牧市小木東1-65 http://www.meito-sangyo.com

裏当て材メーカー一覧

会　社　名	所　在　地
㈱エーホー	〒214-0021　川崎市多摩区宿河原2-23-3 http://www.kk-eiho.com
㈱神戸製鋼所 溶接事業部門	〒141-8688　東京都品川区北品川5-9-12 http://www.kobelco.co.jp/
コンドーテック㈱	〒550-0024　大阪市西区境川2-2-90 http://www.kondotec.co.jp
㈱スノウチ	〒279-0024　浦安市港46 https://www.sunouchi.co.jp
㈱中村鐵工所	〒270-1403　白井市河原子大割245-2
日鉄溶接工業㈱	〒135-0016　東京都江東区東陽2-4-2（新宮ビル2F） https://www.weld.nipponsteel.com
ハギワラタブ㈱	〒274-0082　船橋市大神保町1349-6 http://www.hagiwara-tab.co.jp/
フルサト工業㈱	〒540-0024　大阪市中央区南新町1-2-10 http://www.furusato.co.jp
名東産業㈱	〒485-0059　小牧市小木東1-65 http://www.meito-sangyo.com

電話番号	鋼製				セラミックス系・フラックス系					
	ロール品	機械加工品	プレス鋼板品	その他	V 形	L形(F形)	K 形	I 形	ST形	その他
044-932-1416	●	●		●	●	●	●	●	●	●
06-6582-9581					●	●	●	●		●
03-3682-7821					●	●	●	●	●	●
047-353-8751	●	●		●	●				●	●
047-497-0838	●	●			●				●	●
03-6388-9000					●	●	●	●	●	●
047-457-7276		●		●						
06-6946-9601					●	●				●
0568-72-2128					●	●	●	●	●	●

電話番号	適用溶接方法			
	被覆アーク	ガスシールドアーク	サブマージアーク	エレスラ、エレガス
044-932-1416		●	●	
03-5739-6323		●	●	●
06-6582-9581	●	●	●	●
047-353-8751		●		
047-497-0838		●		
03-6388-9000	●	●	●	●
047-457-7276		●		
06-6946-9601		●		
0568-72-2128		●	●	

スパッタ付着防止剤メーカー一覧

会　社　名	所　在　地	電話番号	商　品　名
愛知産業㈱	〒140-0011　東京都品川区東大井2-6-8 http://www.aichi-sangyo.co.jp	03-6800-1122	エアロ504
石原ケミカル㈱	〒652-0806　神戸市兵庫区西柳原町5-26 http://www.unicon.co.jp	078-682-2301	ユニコンノンスパッター ノズルフレッシュ
㈱イチネンケミカルズ	〒108-0023　東京都港区芝浦4-2-8（住友不動産三田ツインビル東館8F） http://www.ichinen-chem.co.jp	03-6414-5608	クリンスパッター，トーチクリーン
㈱エクシード	〒243-0301　神奈川県愛甲郡愛川町中津3508-3 http://www.exceeds.co.jp/	046-281-5885	マグナ903，マグナ920
エコウエルディング㈱	〒243-0303　神奈川県愛甲郡愛川町中津3503-8 http://www.ecowelding.co.jp	046-284-3105	スパクリーン
㈱大崎電工	〒242-0025　大和市代官3-16-5 http://www.osaki.co.jp	0462-67-5106	スパッターシールβⅡ，ラスト シール550，ウエルダートΣβⅠ （関連商品：ノズルガード500油性，ノズル ガード500水性，水性ノズルガード500Dip）
㈱オリック	〒478-0015　知多市佐布里字向畑4 http://oric.cocolog-nifty.com/	0562-56-5107	スパカット，ソリトン
小池酸素工業㈱	〒272-0056　千葉市緑区大野台1-9-3 http://www.koike-japan.com	043-226-5514	スパコート，チップコート
コンドーテック㈱	〒550-0024　大阪市西区境川2-2-90 http://www.kondotec.co.jp	06-6582-9581	KT-1，KT-2，KT-5
㈱ジェイ・インターナショナル	〒152-0034　東京都目黒区緑が丘2-6-15	03-3723-7014	スパコート
㈱進和	〒463-0046　名古屋市守山区苗代2-9-3 http://www.shinwa-jpn.co.jp/	052-739-1101	アンチスパッターSK
㈱鈴木商館	〒174-8567　東京都板橋区舟渡1-12-11 http://www.suzukishokan.co.jp	03-5970-5562	ニュースパッターゾルーDC
㈱ダイヘン	〒658-0033　神戸市東灘区向洋町西4-1 https://www.daihen.co.jp	0120-856-036	ノズルピカ，ズルピカSブルー
㈱タイムケミカル	〒300-0732　稲敷市上之島3154-1 http://www.timechemical.co.jp	0299-78-3456	スパドール，ノズルクリーン
㈱タセト	〒222-0033　横浜市港北区新横浜2-4-15（太田興産ビル4F） http://www.taseto.com/	045-624-8913	タセトスパノン， タセトチップクリーン
特殊電極㈱	〒660-0881　尼崎市昭和通2-2-27 http://www.tokuden.co.jp	06-6401-9421	FUN500
日鉄溶接工業㈱	〒135-0016　東京都江東区東陽2-4-2（新宮ビル2F） https://www.weld.nipponsteel.com	03-6388-9000	SP-100，SP-250，SP-300
日本ウエルディング・ロッド㈱	〒104-0061　東京都中央区銀座1-13-8 http://www.nihonwel.co.jp	03-3563-5173	ウエル・ハイクラスト
日本エア・リキード合同会社	〒108-8509　東京都港区芝浦3-4-1 https://industry.airliquide.jp	050-3142-3120	ジップクリーン
㈱日本スペリア社	〒564-0063　吹田市江坂町1-16-15 http://www.nihonsuperior.co.jp	06-6380-1121	TIP-DIP
みずほ産業㈱	〒421-0204　焼津市高新田485-1 http://www.tyz.co.jp/miz/	054-622-7075	ミグコートBN，ミグメートS， スパカットセラ36H-A
ワーナーケミカル㈱	〒362-0806　埼玉県北足立郡伊奈町小室5347-1 http://www.warner.co.jp/	048-720-2000	ソラロン
吉川金属工業㈱	〒340-0834　八潮市大曽根1237 http://www.yoshikawa-kinzoku.co.jp	048-997-5612	STOPスパッタ， スパック・フリー

母材用																						トーチ兼用			トーチ・チップ用			治具用	超薄塗りスプレー
軟鋼および高張力鋼										ステンレス鋼および後処理を要する軟鋼，高張力鋼							軟鋼 高張力鋼 ステンレス鋼					軟鋼および高張力鋼							
被膜の上から塗装可能										塗装前処理							塗装後直接塗装，後処理塗装兼用					プライマ			ノズル先端を缶に入れ塗装		吹付塗装		
水溶形					5倍濃縮形	溶剤形				水溶形				溶剤形	水溶形	その他	水溶形			溶剤形		安全溶剤形			ペースト形	液状形	エアゾール形		
標準形	多層盛形	超多層盛形	速乾対策形	超薄塗多層盛形	5倍濃縮形	開先防錆兼用形	速乾形	エアゾール塗装可能形	エアゾール塗装前処理形	標準形	多層盛形	超薄塗多層盛形	水溶形	溶剤形	刷毛塗形	その他	エマルジョン形	ソリューブル形	超薄塗多層盛形	標準形	多層盛形	標準形	多層盛形	エアゾール形	液状形	標準形	標準形	超薄塗型	塗有量1/2以下
								●	●							●											●		
●	●	●	●			●		●	●				●	●				●				●			●	●			●
●	●		●	●		●	●	●	●	●	●	●	●	●			●	●	●						●	●			●
													●	●															
																								●					
●	●		●			●				●							●				●		●		●	●			●
●	●	●	●			●	●			●	●	●	●				●	●			●		●		●	●			●
●	●	●	●			●	●			●							●				●		●		●	●			●
●	●																●				●				●				
●	●		●			●	●			●		●					●				●				●	●			
●										●							●								●				
							●						●				●												
																									●		●		
●	●	●	●	●		●	●	●	●	●	●	●	●				●	●			●		●		●	●			●
●	●	●	●		●	●	●			●	●	●					●	●			●		●		●		●		●
●	●				●					●			●				●	●									●		
●			●														●	●											
													●				●												
																									●				
																									●				
●		●		●															●						●	●	●		
●	●	●	●							●	●	●	●	●											●				●
																									●				

ろう材メーカー・輸入会社一覧

会　社　名	所　在　地
石福金属興業㈱	〒101-0047　東京都千代田区内神田3-20-7 http://www.ishifuku.co.jp
㈱コモキン	〒110-0005　東京都台東区上野1-10-10 http://www.comokin.co.jp/
㈱進和	〒463-0046　名古屋市守山区苗代2-9-3 http://www.shinwa-jpn.co.jp/
㈱大進工業研究所	〒551-0031　大阪市大正区泉尾7-1-7 http://www.daishin-lab.com
㈱タセト	〒222-0033　横浜市港北区新横浜2-4-15（太田興産ビル4F） http://www.taseto.com/
東海溶業㈱	〒470-0334　豊田市花本町井前1-29
東京ブレイズ㈱	〒157-0062　東京都世田谷区南烏山3-23-10 https://tokyobraze.co.jp
トーヨーメタル㈱	〒590-0833　堺市堺区出島海岸通4-4-3
ナイス㈱	〒660-0804　尼崎市北大物町20-1 http://www.neis-co.com
ニツコー熔材工業㈱	〒576-0035　交野市私部南4-10-1 http://www.nikko-yozai.co.jp/
日本アルミット㈱	〒164-8666　東京都中野区弥生町2-14-2（アルミットビル） http://www.almit.co.jp
日本ウエルディング・ロッド㈱	〒104-0061　東京都中央区銀座1-13-8 http://www.nihonwel.co.jp
日本エア・リキード合同会社	〒108-8509　東京都港区芝浦3-4-1 https://industry.airliquide.jp
㈱日本スペリア社	〒564-0063　吹田市江坂町1-16-15 http://www.nihonsuperior.co.jp
㈱ニューメタルス・エンド・ 　　ケミカルス・コーポレーション	〒104-0031　東京都中央区京橋1-2-5（京橋TDビル5F） http://www.newmetals.co.jp
福田金属箔粉工業㈱	〒607-8305　京都市山科区西野山中臣町20 http://www.fukuda-kyoto.co.jp
水野ハンディー・ハーマン㈱	〒110-0014　東京都台東区北上野2-11-12 http://www.mhh.co.jp
ユテクジャパン㈱	〒244-8511　横浜市戸塚区柏尾町294-5 http://www.eutectic.co.jp

電話番号	銀ろう	銅・黄銅ろう	りん銅ろう	ニッケルろう	金ろう	真空機器金ろう	パラジウムろう	アルミ合金ろう	その他
03-3252-3134	●				●	●	●		サンドイッチ銀ろう
03-3836-0471	●				●				
052-739-1101	●	●	●	●	●		●		
06-6552-4051	●	●	●	●	●	●	●	●	
045-624-8913	●		●						
0565-43-2311	●	●	●					●	
03-3300-1141	●	●	●	●	●	●	●		チタンろう 鉄・クロム基ろう
072-241-4422	●	●	●	●	●	●	●		
06-6488-7700	●	●	●	●	●	●	●	●	
072-891-1335		●						●	
03-3379-2277									アルミ用はんだ
03-3563-5173	●	●	●		●	●		●	
050-3142-3120		●							
06-6380-1121	●	●	●					●	アルミ用はんだ
03-5202-5604	●	●	●	●				●	
075-593-1590		●	●	●					
03-3844-6166	●	●	●		●	●	●		
045-825-6900	●	●	●	●				●	

自走式簡易溶接台車メーカー一覧

会　社　名	所　在　地	電話番号
愛知産業㈱	〒140-0011　東京都品川区東大井2-6-8 http://www.aichi-sangyo.co.jp	03-6800-1122
㈱エイム	〒198-0023　青梅市今井3-5-14 http://www.aimcorp.co.jp	0428-31-6881
キロニー産業㈱	〒136-0072　東京都江東区大島2-9-6 http://www.kilony.com/	03-3638-2461
小池酸素工業㈱	〒267-0056　千葉市緑区大野台1-9-3 http://www.koike-japan.com	043-239-2140
㈱神戸製鋼所溶接事業部門	〒141-8688　東京都品川区北品川5-9-12 http://www.kobelco.co.jp/	03-5739-6323
㈱コクホ	〒239-0836　横須賀市内川1-8-54 http://www.kokuho21.co.jp	046-835-6404
日鉄溶接工業㈱	（本社） 〒135-0016　東京都江東区東陽2-4-2（新宮ビル2F） https://www.weld.nipponsteel.com （機器事業部） 〒275-0001　習志野市東習志野7-6-1	03-6388-9000 047-479-4111
マツモト機械㈱	〒581-0092　八尾市老原4-153 https://www.mac-wels.co.jp/	072-949-4661

商品名	水平すみ肉溶接用 シングル 溶接残あり	水平すみ肉溶接用 シングル 溶接残なし	水平すみ肉溶接用 タンデム 溶接残あり	水平すみ肉溶接用 タンデム 溶接残なし	下向すみ肉溶接（十字柱用）	立向溶接用 造船用 溶接残あり	立向溶接用 橋梁用 溶接残あり	立向溶接用 橋梁用 溶接残なし	鉄骨仕口用 直交形	鉄骨仕口用 多関節形	その他
UNI－BUG II	●					●	●				
M. D. S						●	●				
ウェルドパートナーS-500, S-1000（自動走行治具）	●										
ウェルドパートナーC-200, C-400（自動回転テーブル）			●								
ウエルドスプリンター2	●					●	●				
ウエルドランナーPA1, ウエルドランナーPA2			●								
ウェル・ハンディー	●										
ウェル・ハンディーMINI	●				●						
ウェル・ハンディーMULTI	●		●			●	●				
ウェル・ハンディーMULTI NEXT	●		●			●	●				
スーパーアニモ, スーパーアニモIII	●										
PICOMAX-2Z, SEGARC-2Z						●	●				
ノボルダー NB-M31H, NB-M21S, NB-M21T, NB-M21SP, NB-M21P, NB-M2ILH							●				●
ノボルダー NB-5, NB-M21, NB-M31, NB-21タック	●										
ノボルダー NB-4W, NB-M21TW, NB-M21PGW			●								●
ノボルダー NB-1SV, NB-M3SVI, NB-M3SVH, NB-1SVM	●					●	●				
ノボルダー NB-M31NゼロS, NB-M21NゼロS		●						●			
ノボルダー NB-RSV11, NB-RSV21, NB-RSV31	●		●			●					
NSキャリーオート	●										
キャリーボーイエース	●										
キャリーボーイZO		●									
キャリーボーイK	●				●						
UNI-OSCON, SY-mini						●	●				
VEGA-A, 2電極VEGA						●	●				
NAVI-21, EZ-Track	●					●	●		●		
SE-NAVI/PC						●	●		●		
すみっこI-Dシリーズ	●		●								
MAKOシリーズ						●	●				

アーク溶接およびプラズマ切断用シールドガスメーカー一覧

グループ記号　R：不活性ガスに水素を含む還元性混合ガス　　　Ｉ：不活性ガスまたは不活性混合ガス
　　　　　　　M1, M2, M3：不活性ガスに炭酸ガス及び/または酸素を含む酸化性混合ガス
　　　　　　　C：炭酸ガスまたは炭酸ガスに酸素を含む強酸化性混合ガス
　　　　　　　N：窒素（低反応性ガス）または組成に窒素を含む混合ガス

種類（グループ）	住所・担当部署	電話番号	R
主な適用例			ティグ溶接
			プラズマ溶接
			プラズマ切断及び
			バックシールド
反応挙動			還元性
岩谷産業㈱	〒541-0053　大阪市中央区本町3-6-4　ウェルディング部　http://www.iwatani.co.jp	06-7637-3267	ティグメイト　PGメイト
エア・ウォーター㈱	〒542-0081　大阪市中央区南船場2-12-8　インダストリアルガスユニット　ビジネスディビジョン　http://www.awi.co.jp	06-6252-5965	ホクシールH　AWシールドR13　AWシールドR15　AWシールドR17
カンサン㈱	〒370-1201　高崎市倉賀野町3156　高崎事業所　http://www.kansan.co.jp	027-346-1169	
小池酸素工業㈱	〒136-0072　東京都江東区大島9-1-1　ガス部　http://www.koike-japan.com	03-5875-3222	アルスイ　スーパーシールドAS
高圧ガス工業㈱	〒530-8411　大阪市北区中崎西2-4-12　ガス事業本部　http://www.koatsugas.co.jp/	06-7711-2575	R-1　R-1（1）
㈱鈴木商館	〒174-8567　東京都板橋区舟渡1-12-11　ガス営業部　http://www.suzukishokan.co.jp	03-5970-5562	$[Ar+H_2]$ 混合ガス

I	M1	M2	M3	C	N	その他
ミグ溶接、ティグ溶接 プラズマ溶接 プラズマ切断及び バックシールド	マグ溶接	マグ溶接	マグ溶接	マグ溶接	プラズマ切断及び バックシールド	
不活性	弱酸化性	強酸化性	強酸化性	強酸化性	低反応性または還元性	
ハイアルメイトA/S	ミグメイト ハイミグメイト	ミグメイト アコムガス アコムFF ハイアコム アコムHT	アコムZII アコムエコ	炭酸ガス		
アルゴン ヘリウム アルゴン-ヘリウム混合ガス AWシールドI33 AWシールドI35 AWシールドI37	ホクシールO AWシールドM11 AWシールドM12 AWシールドM1230 AWシールドM1250 AWシールドM1330 AWシールドM1350	エルナックス ダイアルゴン ホクシールIII アポガス ホクシールC エルナックス+CO_2		溶接用炭酸ガス		
		カノックス				
スーパーシールドAH アルゴン ヘリウム	アルタン スーパーシールドAT アルサン	アルタン スーパーシールドAT	アルタン スーパーシールドAT	炭酸ガス		
I-1 I-3	M1-1 M1-2 M1-3 M1-3 (1)	M2-1 M2-2 M2-4 M2-1 (1)	M3-1 (1)	C-1	N-1 N-2	
アルゴン ヘリウム [Ar+He] 混合ガス		クリーンアーク (M2 1)		炭酸ガス		

アーク溶接およびプラズマ切断用シールドガスメーカー一覧

種類（グループ） 主な適用例 反応挙動	住所・担当部署	電話番号	R ティグ溶接 プラズマ溶接 プラズマ切断及び バックシールド 還元性
㈱ゼネラルガスセンター	〒712-8073　倉敷市水島西通1-1932	086-448-5731	[Ar+H₂] 混合ガス
大陽日酸㈱	〒142-8558　東京都品川区小山1-3-26 （東洋ビルディング） 工業ガスユニット ガス事業部ガス営業部 http://www.tn-sanso.co.jp	03-5788-8335	PHサンアーク13 PHサンアーク15 PHサンアーク17 Hi-speed PHサンアーク125 Hi-speed PHサンアーク137
中部大陽ガスセンター㈱	〒497-0033　愛知県海部郡蟹江町大字 蟹江本町字エの割3-1	0567-96-0517	
㈱東亞	〒106-0045　東京都港区麻布十番1-11-3 ガス営業部	03-3585-1601	
東亞テクノガス㈱	〒460-0003　名古屋市中区錦1-4-6 (大樹生命名古屋ビル6F) 営業部 http://www.toagosei.co.jp/company/index.html	052-209-8840	
東海産業㈱	〒104-0053　東京都中央区晴海1-8-10 （晴海トリトンスクエアX棟 17F） http://www.toukai-sangyo.co.jp	03-6221-6877	
東邦アセチレン㈱	〒985-0833　多賀城市栄2-3-32 http://www.toho-ace.co.jp/	022-385-7696	[Ar+H₂] 混合ガス
日本エア・リキード合同会社	〒108-8509　東京都港区芝浦3-4-1 マーケティング本部 シリンダーガスプロダクト マネジメント部 https://industry.airliquide.jp	050-3142-3120	ノキサル-TIG ノキサル-Plasma ピュアシールドT-12 ピュアシールドT-152

I	M1	M2	M3	C	N	その他
ミグ溶接、ティグ溶接 プラズマ溶接 プラズマ切断及び バックシールド	マグ溶接	マグ溶接	マグ溶接	マグ溶接	プラズマ切断及び バックシールド	
不活性	弱酸化性	強酸化性	強酸化性	強酸化性	無反応性または還元性	
Arガス [Ar+He] 混合ガス	[Ar+H$_2$+CO$_2$] 混合ガス	[Ar+CO$_2$] 混合ガス [Ar+CO$_2$+He]		CO$_2$ガス		
AHサンアーク33 AHサンアーク35 AHサンアーク37	SCサンアーク11 MOサンアーク132 フラッシュサンアーク111 フラッシュサンアーク112 フラッシュサンアーク113 MBサンアーク121 MBサンアーク122	サンアーク210 サンアーク211 サンアーク212 スーパーサンアーク242 スーパーサンアーク243 スーパーサンアーク244 MOサンアーク225	スーパーサンアークZⅢP			
				炭酸ガス		
	エルタンS (番号3)	エルタン (番号4)				
アルゴン		シールキング		炭酸ガス		
アルゴン		アクタム		炭酸ガス		
アルゴン		アルコミック アルコミックOX アルサンミック		炭酸ガス		
ネルタル ピュアシールド-A33 ピュアシールド-A35 ピュアシールド-A37	カルガル ピュアシールド-S53 ピュアシールド-S333 ピュアシールド-M55 ピュアシールド-B111	アタール ピュアシールド-M56 ピュアシールド-M220 ピュアシールド-M300 ピュアシールド-S23 ピュアシールド-S25	ピュアシールドM58 ピュアシールドM59	炭酸ガス		

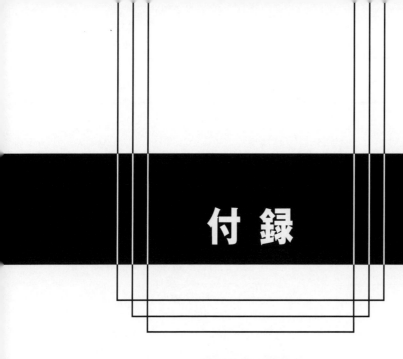

付 録

溶接材料の分類体系

本書の溶接材料銘柄は，基本的に JIS（日本工業規格）に基づいて分類してあります。溶接材料の JIS は，表1に示すように，部門名，部門記号，分類番号が規定されています。

表1　溶接材料の JIS

部門名	その他
部門記号	Z
分類番号*	32, 33

〔例〕

JIS Z 32 11：2000

制定または改正西暦年号
分類番号ごとの一貫番号
分類番号
部門記号

＊分類番号は，JIS 番号の上2桁に適用します。下2桁は分類番号ごとの一貫番号です。

溶接材料は，各規格の中にもさまざまな種類と種類ごとの記号が定められており，部門記号，分類番号および種類を特定することによって，当該溶接材料の使用特性，品質（溶着金属の機械的性質，化学成分など），その他がわかるようになっています。種類ごとの記号の詳細については，当該 JIS を参照して下さい。

なお，現在制定されている溶接材料関係の JIS は，次のとおりです。

JIS Z 3183:2012　炭素鋼及び低合金鋼用サブマージアーク溶着金属の品質区分
JIS Z 3200:2005　溶接材料－寸法，許容差，製品の状態，表示及び包装
JIS Z 3201:2001　軟鋼用ガス溶加棒
JIS Z 3202:1999　銅及び銅合金ガス溶加棒
JIS Z 3211:2008　軟鋼，高張力鋼及び低温用鋼用被覆アーク溶接棒
JIS Z 3214:2012　耐候性鋼用被覆アーク溶接棒
JIS Z 3221:2021　ステンレス鋼被覆アーク溶接棒
JIS Z 3223:2010　モリブデン鋼及びクロムモリブデン鋼用被覆アーク溶接棒
JIS Z 3224:2010　ニッケル及びニッケル合金被覆アーク溶接棒
JIS Z 3225:1999　9％ニッケル鋼用被覆アーク溶接棒
JIS Z 3227:2013　極低温用オーステナイト系ステンレス鋼被覆アーク溶接棒
JIS Z 3231:1999　銅及び銅合金被覆アーク溶接棒

JIS Z 3232:2009	アルミニウム及びアルミニウム合金の溶加棒及び溶接ワイヤ
JIS Z 3251:2000	硬化肉盛用被覆アーク溶接棒
JIS Z 3252:2012	鋳鉄用被覆アーク溶接棒，ソリッドワイヤ，溶加棒及びフラックス入りワイヤ
JIS Z 3312:2009	軟鋼，高張力鋼及び低温用鋼用マグ溶接及びミグ溶接ソリッドワイヤ
JIS Z 3313:2009	軟鋼，高張力鋼及び低温用鋼用アーク溶接フラックス入りワイヤ
JIS Z 3315:2012	耐候性鋼用のマグ溶接及びミグ溶接用ソリッドワイヤ
JIS Z 3316:2017	軟鋼，高張力鋼及び低温用鋼用ティグ溶接溶加棒及びソリッドワイヤ
JIS Z 3317:2011	モリブデン鋼及びクロムモリブデン鋼用ガスシールドアーク溶接溶加棒及びソリッドワイヤ
JIS Z 3318:2010	モリブデン鋼及びクロムモリブデン鋼用マグ溶接フラックス入りワイヤ
JIS Z 3319:1999	エレクトロガスアーク溶接用フラックス入りワイヤ
JIS Z 3320:2012	耐候性鋼用アーク溶接フラックス入りワイヤ
JIS Z 3321:2021	溶接用ステンレス鋼溶加棒，ソリッドワイヤ及び鋼帯
JIS Z 3322:2010	ステンレス鋼帯状電極肉盛溶接金属の品質区分及び試験方法
JIS Z 3323:2021	ステンレス鋼アーク溶接フラックス入りワイヤ
JIS Z 3324:2010	サブマージアーク溶接によるステンレス鋼溶着金属の品質区分及び試験方法
JIS Z 3326:1999	硬化肉盛用アーク溶接フラックス入りワイヤ
JIS Z 3327:2013	極低温用オーステナイト系ステンレス鋼ティグ溶加棒及びソリッドワイヤ
JIS Z 3331:2011	チタン及びチタン合金溶接用の溶加棒及びソリッドワイヤ
JIS Z 3332:1999	9%ニッケル鋼用ティグ溶加棒及びソリッドワイヤ
JIS Z 3333:1999	9%ニッケル鋼用サブマージアーク溶接ソリッドワイヤ及びフラックス
JIS Z 3334:2017	ニッケル及びニッケル合金溶接用の溶加棒，ソリッドワイヤ及び帯
JIS Z 3335:2014	ニッケル及びニッケル合金アーク溶接フラックス入りワイヤ
JIS Z 3341:1999	銅及び銅合金イナートガスアーク溶加棒及びソリッドワイヤ
JIS Z 3351:2012	炭素鋼及び低合金鋼用サブマージアーク溶接ソリッドワイヤ
JIS Z 3352:2017	サブマージアーク溶接用フラックス
JIS Z 3353:2013	軟鋼及び高張力鋼用のエレクトロスラグ溶接ワイヤ及びフラックス
JIS Z 3253:2011	溶接及び熱切断用シールドガス

　次頁に，溶接材料関係のJIS番号を，溶接材料と対象材料の種類別に整理したものを示します。

	軟鋼及び細粒鋼 (軟鋼、～570MPa級高張力鋼、低温用鋼、耐候性鋼)	高張力鋼 (590MPa級以上)	耐熱鋼	ステンレス鋼
被覆アーク溶接棒	2560	18275	3580	3581
フラックス入りワイヤ	17632	18276	17634	17633
ティグ溶接材料	636	16834	21952	14343
マグ溶接ソリッドワイヤ	14341			
サブマージアーク溶接用ワイヤ [1]	14171	26304	24598	
サブマージアーク溶接用フラックス	14174			
シールドガス	14175			

1) 耐熱鋼用サブマージアーク溶接用ワイヤにはフラックス入りワイヤも含まれる。

現行ISO整合化前のJISの規格体系

	軟鋼	高張力鋼	低温用鋼	耐候性鋼	低合金耐熱鋼	ステンレス鋼
被覆アーク溶接棒	Z 3211			Z 3214	Z 3223	Z 3221
フラックス入りワイヤ	Z 3313			Z 3320	Z 3318	Z 3323
ティグ溶接材料	Z 3316		——	——	Z 3316	Z 3321
マグ(ミグ)溶接ソリッドワイヤ	Z 3312			Z 3315	Z 3317	
サブマージアーク溶接用ソリッドワイヤ	Z 3351					Z 3324
サブマージアーク溶接用フラックス	Z 3352					
サブマージアーク溶着金属	Z 3183		——	Z 3183		

ISO整合化後のJISの規格体系

	軟鋼	高張力鋼	低温用鋼	耐候性鋼	低合金耐熱鋼	ステンレス鋼
被覆アーク溶接棒	Z 3211			Z 3214	Z 3223	Z 3221
フラックス入りワイヤ	Z 3313			Z 3320	Z 3318	Z 3323
ティグ溶接材料	Z 3316			(予定)	Z 3317	Z 3321
マグ溶接ソリッドワイヤ	Z 3312			Z 3315		
サブマージアーク溶接用ワイヤ	Z 3351					
サブマージアーク溶接用フラックス	Z 3352					
サブマージアーク溶着金属	Z 3183		——	Z 3183		Z 3324

9%Ni鋼	Ni·Ni合金	硬化肉盛	鋳鉄	Al·Al合金	Cu·Cu合金	Ti·Ti合金	シールドガス
14172		CEN規格案 作成中 (詳細不明)	1071	—	—	—	14175
12153				—	—	—	
18274		—		18273	24373	24034	
		—		—	—	—	
14174		—		—	—	—	
14175							

9%Ni鋼	Ni·Ni合金	硬化肉盛	鋳鉄	Al·Al合金	Cu·Cu合金	Ti·Ti合金	シールドガス
Z 3225	Z 3224	Z 3251	Z 3252	—	Z 3231	—	Z 3253
		Z 3326	—	—	—	—	
Z 3332	Z 3334	—	—	Z 3232	Z 3341	Z 3331	
Z 3333		—	—	—	—	—	
		—	—	—	—	—	

9%Ni鋼	Ni·Ni合金	硬化肉盛	鋳鉄	Al·Al合金	Cu·Cu合金	Ti·Ti合金	シールドガス
Z 3225	Z 3224	Z 3251	Z 3252	—	Z 3231	—	Z 3253
—	Z 3335	Z 3326		—	—	—	
Z 3332	Z 3334	—		Z 3232	Z 3341	Z 3331	
Z 3333	Z 3352	—		—	—	—	
		—		—	—	—	

溶接材料記号の見方

《JIS》

軟鋼，高張力鋼及び低温用鋼用被覆アーク溶接棒 （JIS Z 3211:2008）

〔例〕 E 55 16 -N7 AP U

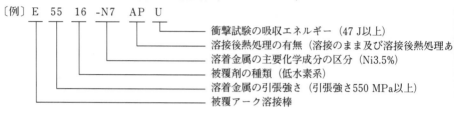

衝撃試験の吸収エネルギー （47 J以上）
溶接後熱処理の有無（溶接のまま及び溶接後熱処理あ
溶着金属の主要化学成分の区分（Ni3.5%）
被覆剤の種類（低水素系）
溶着金属の引張強さ （引張強さ550 MPa以上）
被覆アーク溶接棒

耐候性鋼用被覆アーク溶接棒 （JIS Z 3214:2012）

〔例〕 E 49J 16-NCC A U H15

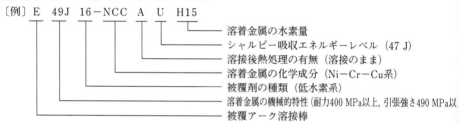

溶着金属の水素量
シャルピー吸収エネルギーレベル （47 J）
溶接後熱処理の有無 （溶接のまま）
溶着金属の化学成分 （Ni-Cr-Cu系）
被覆剤の種類 （低水素系）
溶着金属の機械的特性（耐力400 MPa以上, 引張強さ490 MPa以
被覆アーク溶接棒

モリブデン鋼及びクロムモリブデン鋼用被覆アーク溶接棒 （JIS Z 3223:2010）

〔例〕 E 49 16 1M3

溶着金属の化学成分
被覆剤の種類
溶着金属の機械的性質 （引張特性）
被覆アーク溶接棒

9%ニッケル鋼用被覆アーク溶接棒 （JIS Z 3225:1999）

〔例〕 D 9Ni-1

溶着金属の化学成分の区分
9%ニッケル鋼用
被覆アーク溶接棒

ステンレス鋼被覆アーク溶接棒 （JIS Z 3221:2021）

〔例〕ES 309L-16

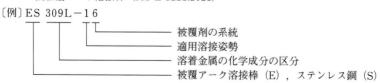

被覆剤の系統
適用溶接姿勢
溶着金属の化学成分の区分
被覆アーク溶接棒 （E） , ステンレス鋼 （S）

軟鋼，高張力鋼及び低温用鋼用マグ溶接及びミグ溶接ソリッドワイヤ（JIS Z 3312:2009）

〔例1〕従来のJISを継承したもの

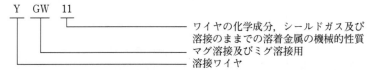

Y　GW　11

──── ワイヤの化学成分，シールドガス及び
　　　溶接のままでの溶着金属の機械的性質
──── マグ溶接及びミグ溶接用
──── 溶接ワイヤ

〔例2〕ISO整合化で追加されたもの

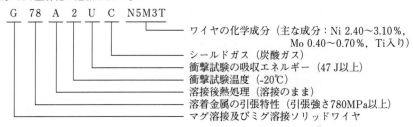

G　78　A　2　U　C　N5M3T

──── ワイヤの化学成分（主な成分：Ni 2.40～3.10%，
　　　　　　　　　　　　　　　　Mo 0.40～0.70%，Ti入り）
──── シールドガス（炭酸ガス）
──── 衝撃試験の吸収エネルギー（47 J以上）
──── 衝撃試験温度（-20℃）
──── 溶接後熱処理（溶接のまま）
──── 溶着金属の引張特性（引張強さ780MPa以上）
──── マグ溶接及びミグ溶接ソリッドワイヤ

耐候性鋼用のマグ溶接及びミグ溶接用ソリッドワイヤ　（JIS Z 3315:2012）

〔例〕G　49　A　0　U　C1-NCCJ

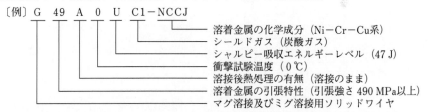

──── 溶着金属の化学成分（Ni-Cr-Cu系）
──── シールドガス（炭酸ガス）
──── シャルピー吸収エネルギーレベル（47 J）
──── 衝撃試験温度（0℃）
──── 溶接後熱処理の有無（溶接のまま）
──── 溶着金属の引張特性（引張強さ490 MPa以上）
──── マグ溶接及びミグ溶接用ソリッドワイヤ

モリブデン鋼及びクロムモリブデン鋼用ガスシールドアーク溶接溶加棒及びソリッドワイヤ（Z3317：2011）

〔例〕G　62　M-2C1M

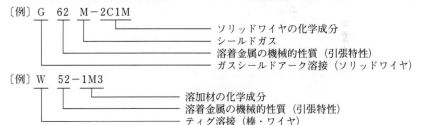

──── ソリッドワイヤの化学成分
──── シールドガス
──── 溶着金属の機械的性質（引張特性）
──── ガスシールドアーク溶接（ソリッドワイヤ）

〔例〕W　52-1M3

──── 溶加材の化学成分
──── 溶着金属の機械的性質（引張特性）
──── ティグ溶接（棒・ワイヤ）

溶接用ステンレス鋼溶加棒，ソリッドワイヤ及び鋼帯（JIS Z 3321:2021）

〔例1〕YS　308

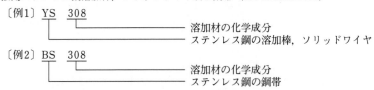

──── 溶加材の化学成分
──── ステンレス鋼の溶加棒，ソリッドワイヤ

〔例2〕BS　308

──── 溶加材の化学成分
──── ステンレス鋼の鋼帯

軟鋼，高張力鋼及び低温用鋼用ティグ溶接溶加棒及びソリッドワイヤ（Z3316:2017）

〔例〕W 49 A 3 U 16

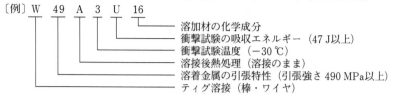

- 溶加材の化学成分
- 衝撃試験の吸収エネルギー（47 J以上）
- 衝撃試験温度（−30 ℃）
- 溶接後熱処理（溶接のまま）
- 溶着金属の引張特性（引張強さ 490 MPa以上）
- ティグ溶接（棒・ワイヤ）

9%ニッケル鋼用ティグ溶加棒・ソリッドワイヤ（JIS Z 3332:1999）

〔例〕Y GT 9Ni−1

- ワイヤの化学成分の区分
- 9%ニッケル鋼用
- ティグ溶接用
- 棒・ワイヤ

軟鋼，高張力鋼及び低温用鋼用アーク溶接フラックス入りワイヤ（JIS Z 3313:2009）

〔例1〕軟鋼・高張力鋼用

T 49J 0 T1−1 C A−U

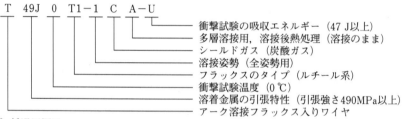

- 衝撃試験の吸収エネルギー（47 J以上）
- 多層溶接用，溶接後熱処理（溶接のまま）
- シールドガス（炭酸ガス）
- 溶接姿勢（全姿勢用）
- フラックスのタイプ（ルチール系）
- 衝撃試験温度（0 ℃）
- 溶着金属の引張特性（引張強さ490MPa以上）
- アーク溶接フラックス入りワイヤ

〔例2〕低温用鋼用

T 49 6 T1−1 C A−N3−H5

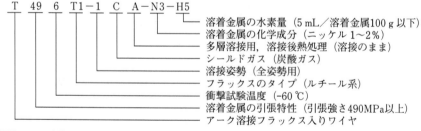

- 溶着金属の水素量（5 mL／溶着金属100 g 以下）
- 溶着金属の化学成分（ニッケル 1〜2%）
- 多層溶接用，溶接後熱処理（溶接のまま）
- シールドガス（炭酸ガス）
- 溶接姿勢（全姿勢用）
- フラックスのタイプ（ルチール系）
- 衝撃試験温度（-60 ℃）
- 溶着金属の引張特性（引張強さ490MPa以上）
- アーク溶接フラックス入りワイヤ

耐候性鋼用アーク溶接フラックス入りワイヤ（JIS Z 3320:2012）

〔例1〕軟鋼・高張力鋼用

T 49J 0 T1−1 C A−NCC−U

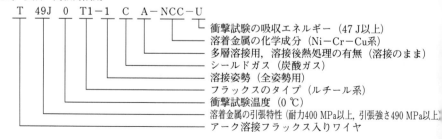

- 衝撃試験の吸収エネルギー（47 J以上）
- 溶着金属の化学成分（Ni−Cr−Cu系）
- 多層溶接用，溶接後熱処理の有無（溶接のまま）
- シールドガス（炭酸ガス）
- 溶接姿勢（全姿勢用）
- フラックスのタイプ（ルチール系）
- 衝撃試験温度（0 ℃）
- 溶着金属の引張特性（耐力400 MPa以上，引張強さ490 MPa以上）
- アーク溶接フラックス入りワイヤ

モリブデン鋼及びクロムモリブデン鋼用マグ溶接フラックス入りワイヤ（JIS Z 3318:2010）

〔例〕T　55　T1－1　C－1CM

- 溶着金属の化学成分
- シールドガスの種類
- 適用溶接姿勢
- 使用特性
- 溶着金属の機械的性質（引張特性）
- アーク溶接用フラックス入りワイヤ

ステンレス鋼アーク溶接フラックス入りワイヤ（JIS Z 3323:2021）

〔例〕TS　308－F B 0

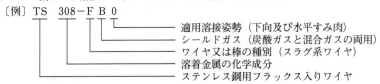

- 適用溶接姿勢（下向及び水平すみ肉）
- シールドガス（炭酸ガスと混合ガスの両用）
- ワイヤ又は棒の種別（スラグ系ワイヤ）
- 溶着金属の化学成分
- ステンレス鋼用フラックス入りワイヤ

炭素鋼・低合金鋼用サブマージアーク溶接ソリッドワイヤ（JIS Z 3351:2012）

〔例〕Y　S－S1

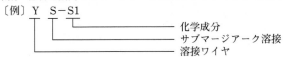

- 化学成分
- サブマージアーク溶接
- 溶接ワイヤ

サブマージアーク溶接用フラックス（JIS Z 3352:2017）

〔例〕S　F　MS　1

- 用途
- フラックスの化学成分
- フラックスの製造方法
- サブマージアーク溶接

炭素鋼及び低合金鋼用サブマージアーク溶着金属の品質区分（JIS Z 3183:2012）

〔例〕S　62　1－S　1

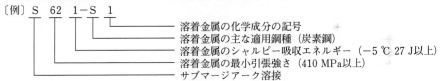

- 溶着金属の化学成分の記号
- 溶着金属の主な適用鋼種（炭素鋼）
- 溶着金属のシャルピー吸収エネルギー（－5 ℃ 27 J以上）
- 溶着金属の最小引張強さ（410 MPa以上）
- サブマージアーク溶接

9%ニッケル鋼用サブマージアーク溶接ソリッドワイヤ／フラックス（JIS Z 3333:1999）

〔例1〕ワイヤ

Y　S　9Ni

- 9%ニッケル鋼用
- サブマージアーク溶接用
- 溶接ワイヤ

〔例2〕フラックス

F　S　9Ni－F

- 溶接姿勢の区分
- 9%ニッケル鋼用
- サブマージアーク溶接用
- 溶接フラックス

サブマージアーク溶接によるステンレス鋼溶着金属の品質区分及び試験方法 (JIS Z 3324:2010)

〔例〕YW　S308

溶着金属の化学成分
サブマージアーク溶接 (の溶着金属)

ステンレス鋼帯状電極肉盛溶接金属の品質区分及び試験方法 (JIS Z 3322:2010)

〔例〕Y　B　S308－X

積層位置 (F：単層又は初層，D：2層目以上)
溶接金属の化学成分
鋼帯 (帯状電極)
溶接

エレクトロガスアーク溶接用フラックス入りワイヤ (JIS Z 3319:1999)

〔例〕Y　F　EG－11　C

シールドガスの種類
適用鋼種，溶接金属の化学成分の区分
エレクトロガスアーク溶接
フラックス入りワイヤ
溶接ワイヤ

硬化肉盛用被覆アーク溶接棒 (JIS Z 3251:2000)

〔例〕D　F　2A

溶着金属の化学成分の特徴
溶着金属の主成分
被覆アーク溶接棒

硬化肉盛用アーク溶接フラックス入りワイヤ (JIS Z 3326:1999)

〔例〕Y　F　2A－C

シールドガス
溶着金属の化学成分
フラックス入りワイヤ
溶接ワイヤ

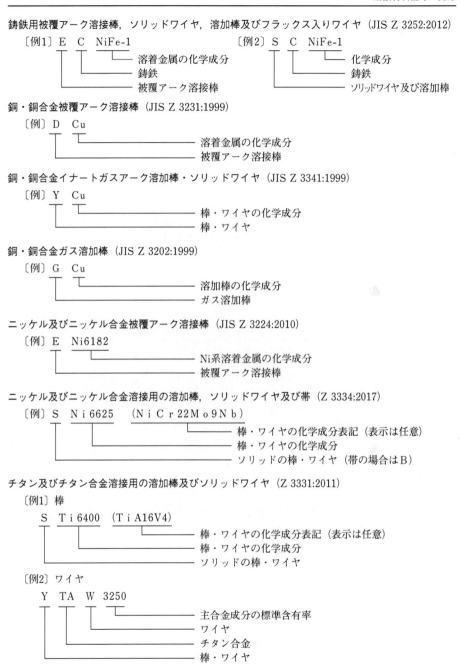

鋳鉄用被覆アーク溶接棒，ソリッドワイヤ，溶加棒及びフラックス入りワイヤ（JIS Z 3252:2012）

〔例1〕 E　C　NiFe-1
- 溶着金属の化学成分
- 鋳鉄
- 被覆アーク溶接棒

〔例2〕 S　C　NiFe-1
- 化学成分
- 鋳鉄
- ソリッドワイヤ及び溶加棒

銅・銅合金被覆アーク溶接棒（JIS Z 3231:1999）

〔例〕 D　Cu
- 溶着金属の化学成分
- 被覆アーク溶接棒

銅・銅合金イナートガスアーク溶加棒・ソリッドワイヤ（JIS Z 3341:1999）

〔例〕 Y　Cu
- 棒・ワイヤの化学成分
- 棒・ワイヤ

銅・銅合金ガス溶加棒（JIS Z 3202:1999）

〔例〕 G　Cu
- 溶加棒の化学成分
- ガス溶加棒

ニッケル及びニッケル合金被覆アーク溶接棒（JIS Z 3224:2010）

〔例〕 E　Ni6182
- Ni系溶着金属の化学成分
- 被覆アーク溶接棒

ニッケル及びニッケル合金溶接用の溶加棒，ソリッドワイヤ及び帯（Z 3334:2017）

〔例〕 S　Ni6625　（NiCr22Mo9Nb）
- 棒・ワイヤの化学成分表記（表示は任意）
- 棒・ワイヤの化学成分
- ソリッドの棒・ワイヤ（帯の場合はB）

チタン及びチタン合金溶接用の溶加棒及びソリッドワイヤ（Z 3331:2011）

〔例1〕 棒

　　S　Ti6400　（TiA16V4）
- 棒・ワイヤの化学成分表記（表示は任意）
- 棒・ワイヤの化学成分
- ソリッドの棒・ワイヤ

〔例2〕 ワイヤ

　　Y　TA　W　3250
- 主合金成分の標準含有率
- ワイヤ
- チタン合金
- 棒・ワイヤ

アルミニウム及びアルミニウム合金の溶加棒及び溶接ワイヤ（JIS Z 3232:2009）

〔例1〕棒

A1070−BY

———— 棒
———— 化学成分による種類（棒とワイヤで共通）

〔例2〕ワイヤ

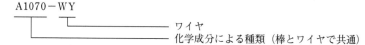

A1070−WY

———— ワイヤ
———— 化学成分による種類（棒とワイヤで共通）

軟鋼用ガス溶加棒（JIS Z 3201:2001）

〔例〕G A 46

———— 溶着金属の最小引張強さの水準
———— 溶着金属の伸びの区分
———— ガス溶加棒

《AWS》

炭素鋼被覆アーク溶接棒（AWS A5.1/A5.1M:2012）

〔例〕E 60 11

———— 溶接姿勢，被覆・電流の種類
———— 溶着金属の最小引張強さ
———— 被覆アーク溶接棒

低合金鋼被覆アーク溶接棒（AWS A5.5/A5.5M:2014）

〔例〕E 100 18−D2

———— 溶着金属の化学成分
———— 溶接姿勢，被覆・電流の種類
———— 溶着金属の最小引張強さ
———— 被覆アーク溶接棒

ステンレス鋼被覆アーク溶接棒（AWS A5.4/A5.4M:2012）

〔例〕E 308−15

———— 溶接姿勢，電流の種類
———— 溶着金属の化学成分
———— 被覆アーク溶接棒

サブマージアーク溶接用炭素鋼ワイヤ／フラックス（AWS A5.17/A5.17M-97）

〔例〕F 6 A 2−E H14

———— ワイヤの化学成分
———— ワイヤ
———— 衝撃試験温度
———— 熱処理の有無
———— 溶着金属の最小引張強さ
———— フラックス

サブマージアーク溶接用低合金鋼ワイヤ／フラックス（AWS A5.23/A5.23M:2011）

〔例〕F　7　P　Z−EA1−A1

- 溶着金属の化学成分
- ワイヤの化学成分
- 衝撃試験温度
- 溶接後熱処理の有無
- 溶着金属の最小引張強さ
- フラックス

炭素鋼用ガスシールドアーク溶接ワイヤ（AWS A5.18/A5.18M:2005）

〔例〕ER　70　S−2

- ワイヤの化学成分
- ソリッドワイヤ
- 溶着金属の最小引張強さ
- 溶接ワイヤまたは溶加棒

低合金鋼用ガスシールドアーク溶接ワイヤ（AWS A5.28/A5.28M:2005）

〔例〕ER　80　S−B2

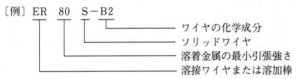

- ワイヤの化学成分
- ソリッドワイヤ
- 溶着金属の最小引張強さ
- 溶接ワイヤまたは溶加棒

炭素鋼用フラックス入りワイヤ（AWS A5.20/A5.20M:2005）

〔例〕E　7　1　T−1　C

- シールドガス
- 使用性能
- フラックス入りワイヤ
- 溶接姿勢
- 溶着金属の最小引張強さ
- 溶接ワイヤ

低合金鋼用フラックス入りワイヤ（AWS A5.29/A5.29M:2010）

〔例〕E　8　1　T　1−B2　M

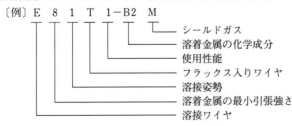

- シールドガス
- 溶着金属の化学成分
- 使用性能
- フラックス入りワイヤ
- 溶接姿勢
- 溶着金属の最小引張強さ
- 溶接ワイヤ

AWS A5.36

(1) 適用範囲と既存の A5.20，A5.29 との関係

◎ 2011 年まで

炭素鋼用	スラグ系フラックス入りワイヤ	A5.20

低合金鋼用	スラグ系フラックス入りワイヤ	A5.29

炭素鋼用	ソリッドワイヤ ※	A5.18
	メタル系フラックス入りワイヤ	

低合金鋼用	ソリッドワイヤ ※	A5.28
	メタル系フラックス入りワイヤ	

※撚り線ワイヤを含む。

◎ 2012 年 A5.36 制定～現在

A5.20，A5.29 から移行するために，A5.36 の普及を待っている。

並行して，A5.20，A5.29 の必要な改訂も行われる。

炭素鋼用	スラグ系フラックス入りワイヤ	A5.20	A5.36

低合金鋼用	スラグ系フラックス入りワイヤ	A5.29	A5.36

炭素鋼用	ソリッドワイヤ ※	A5.18	
	メタル系フラックス入りワイヤ		A5.36

低合金鋼用	ソリッドワイヤ ※	A5.28	
	メタル系フラックス入りワイヤ		A5.36

※撚り線ワイヤを含む。

◎数年後，フラックス入りワイヤは A5.36 だけになる予定。

ただし，A5.36 の普及状況によっては，延期される可能性もあると思われる。

炭素鋼用	スラグ系フラックス入りワイヤ	
低合金鋼用	スラグ系フラックス入りワイヤ	A5.36
炭素鋼用	メタル系フラックス入りワイヤ	
低合金鋼用	メタル系フラックス入りワイヤ	

炭素鋼用	ソリッドワイヤ ※	A5.18

（A5.18 からメタル系フラックス入りワイヤを削除）

低合金鋼用	ソリッドワイヤ ※	A5.28

（A5.28 からメタル系フラックス入りワイヤを削除）

※撚り線ワイヤを含む。

(2) A5.36 の記号の付け方　二つの方法

① "Fixed 区分" システム　既存の A5.20 と A5.18 の種類と記号を継承したもの
〔例〕E71T-1C
② "Open 区分" システム　ISO 規格や JIS Z 3313 と同様に，次の特性毎に区分して，それらを列記したもの。溶着金属の引張強さ，適用溶接姿勢，使用特性，シールドガス，溶接後熱処理，衝撃試験温度，溶着金属の化学成分，オプション

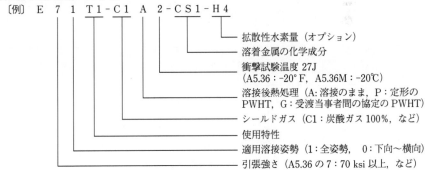

〔例〕 E 7 1 T 1 - C 1 A 2 - C S 1 - H 4

- 拡散性水素量（オプション）
- 溶着金属の化学成分
- 衝撃試験温度 27J
（A5.36：-20°F，A5.36M：-20℃）
- 溶接後熱処理（A：溶接のまま，P：定形の PWHT，G：受渡当事者間の協定の PWHT）
- シールドガス（C1：炭酸ガス 100%，など）
- 使用特性
- 適用溶接姿勢（1：全姿勢，0：下向～横向）
- 引張強さ（A5.36 の 7：70 ksi 以上，など）

内 外 規 格 対 応 表

〈注〉本表は，JISと一致するものではなく，内容が類似しているものを対応させています。

軟鋼,高張力鋼及び低温用鋼用被覆アーク溶接棒

AWS A5.1：2012	A5.1M：2012	被覆剤の種類	JIS Z3211:2008
軟鋼用			
E6010	E4310	高セルロース系	E4310
E6011	E4311	高セルロース系	E4311
E6012	E4312	高酸化チタン系	E4312
E6013	E4313	高酸化チタン系	E4313, E4303
E6018	E4318	（全姿勢用）鉄粉低水素系	E4318
E6019	E4319	イルミナイト系	E4319
E6020	E4320	酸化鉄系	E4320
E6022	E4322	酸化鉄系	E4324
E6027	E4327	鉄粉酸化鉄系	E4327
490MPa級鋼用			
E7014	E4914	鉄粉酸化チタン系	E4914
E7015	E4915	（直流用）低水素系	E4915
E7016	E4916	低水素系	E4916
E7016-1	E4916-1	低水素系	E4916-1
E7018	E4918	（全姿勢用）鉄粉低水素系	E4918
E7018-1	E4918-1	（全姿勢用）鉄粉低水素系	E4918-1
E7024	E4924	鉄粉酸化チタン系	E4924
E7024-1	E4924-1	鉄粉酸化チタン系	E4924-1
E7027	E4927	鉄粉酸化鉄系	E4927
E7028	E4928	鉄粉低水素系	E4928
E7048	E4948	（立向下進が可能）低水素系	E4948

AWS A5.5：2006	A5.5M：2014		
モリブデン鋼用			
E7010-A1	E4910-A1	高セルロース系	E4910-1M3
E7011-A1	E4911-A1	高セルロース系	E4911-1M3
E7015-A1	E4915-A1	（直流用）低水素系	E4915-1M3
E7016-A1	E4916-A1	低水素系	E4916-1M3
E7018-A1	E4918-A1	（全姿勢用）鉄粉低水素系	E4918-1M3
E7020-A1	E4920-A1	酸化鉄系	E4920-1M3
E7027-A1	E4927-A1	鉄粉酸化鉄系	E4927-1M3
ニッケル鋼用			
E8016-C1	E5516-C1	低水素系	E5516-N5
E8018-C1	E5518-C1	（全姿勢用）鉄粉低水素系	E5518-N5

AWS A5.5：2006	A5.5M：2014		
ニッケル鋼用			
E7015-C1L	E4915-C1L	（直流用）低水素系	E4915-N5
E7016-C1L	E4916-C1L	低水素系	E4916-N5
E7018-C1L	E4918-C1L	（全姿勢用）鉄粉低水素系	E4918-N5
E8016-C2	E5516-C2	低水素系	E5516-N7
E8018-C2	E5518-C2	（全姿勢用）鉄粉低水素系	E5518-N7
E7015-C2L	E4915-C2L	（直流用）低水素系	E4915-N7
E7016-C2L	E4916-C2L	低水素系	E4916-N7
E7018-C2L	E4918-C2L	（全姿勢用）鉄粉低水素系	E4918-N7
E8016-C3	E5516-C3	低水素系	E5516-N2
E8018-C3	E5518-C3	（全姿勢用）鉄粉低水素系	E5518-N2
E7018-C3L	E4918-C3L	（全姿勢用）鉄粉低水素系	E4918-N2
E8016-C4	E5516-C4	低水素系	E5516-N3
E8018-C4	E5518-C4	（全姿勢用）鉄粉低水素系	E5518-N3
E9015-C5L	E6215-C5L	（直流用）低水素系	E6215-N13L
ニッケル-モリブデン鋼用			
E8018-NM1	E5518-NM1	（全姿勢用）鉄粉低水素系	E5518-N2M3
マンガン-モリブデン鋼用			
E8018-D1	E5518-D1	（全姿勢用）鉄粉低水素系	E5518-3M2
E9015-D1	E6215-D1	（直流用）低水素系	E6215-3M2
E9018-D1	E6218-D1	低水素系	E6216-3M2
E10015-D2	E6915-D2	（直流用）低水素系	E6915-4M2
E10016-D2	E6916-D2	低水素系	E6916-4M2
E10018-D2	E6918-D2	（全姿勢用）鉄粉低水素系	E6918-4M2
E8016-D3	E5516-D3	低水素系	E5516-3M3
E8018-D3	E5518-D3	（全姿勢用）鉄粉低水素系	E5518-3M3
E9018-D3	E6218-D3	（全姿勢用）鉄粉低水素系	E6218-3M3
一般低合金鋼用（高張力鋼用など）			
Exx10-G	Eyy10-G	高セルロース系	Eyy10-G
Exx11-G	Eyy11-G	高セルロース系	Eyy11-G
Exx13-G	Eyy13-G	高酸化チタン系	Eyy13-G
Exx15-G	Eyy15-G	（直流用）低水素系	Eyy15-G
Exx16-G	Eyy16-G	低水素系	Eyy16-G
Exx18-G	Eyy18-G	（全姿勢用）鉄粉低水素系	Eyy18-G
Exx20-G	Eyy20-G	酸化鉄系	Eyy20-G
E7020-G	E4920-G	酸化鉄系（成分規制あり）	E4920-G
E7027-G	E4927-G	鉄粉酸化鉄系（成分規制あり）	E4927-G

備考　xx＝70, 80, 90, 100, 110, 120　　yy＝49, 55, 62, 69, 76, 83

モリブデン鋼及びクロムモリブデン鋼用被覆アーク溶接棒

JIS Z 3223:2010	AWS A5.5:2014	AWS A5.5M:2014
E49xx-1M3	E70xx-A1	E49xx-A1
E49yy-1M3	E70yy-A1	E49yy-A1
E55xx-CM	E80xx-B1	E55xx-B1
E55xx-C1M	E80xx-B5	E55xx-B5
E55xx-1CM	E80xx-B2	E55xx-B2
E5513-1CM	−	−
E52xx-1CML	E70xx-B2L	E49xx-B2L
E62xx-2C1M	E90xx-B3	E62xx-B3
E6213-2C1M	−	−
E55xx-2C1ML	E80xx-B3L	E55xx-B3L
E55xx-2CML	E80xx-B4L	E55xx-B4L
E57xx-2CMWV	−	−
E57xx-2CMWV-Ni	−	−
E62xx-2C1MV	−	−
E62xx-3C1MV	−	−
E55xx-5CM	E80xx-B6	E55xx-B6
E55xx-5CML	E80xx-B6L	E55xx-B6L
E62xx-9C1M	E80xx-B8 *	E55xx-B8 *
E62xx-9C1ML	E80xx-B8L *	E55xx-B8L *
E62xx-9C1MV	−	−
E62xx-9C1MV1	−	−
E69xx-9CMWV-Co	−	−
E69xx-9CMWV-Cu	−	−
E83xx-10C1MV	−	−

※被覆剤の種類の記号のxxは、低水素系であり、15、16又は18。
　ただし、AWSでは15だけ（B4L）、6だけ（B5）、16と18だけ（B1、B2）のように制約が一部にある。
※被覆剤の種類の記号のyyは、10、11、20又は27であり、JISだけ19（イルミナイト系）も規定。
＊ AWSでは強度クラスが1レベル下であるが、実質的に対応している。

銅及び銅合金被覆アーク溶接棒

JIS Z 3231:1999	AWS A5.6:2008
DCu	ECu
DCuSiA	
DCuSiB	ECuSi
DCuSnA	ECuSn-A
DCuSnB	ECuSn-C
DCuAl	ECuAl-A2
DCuAlNi	ECuAl-B
−	ECuNiAl
−	ECuMnNiAl
DCuNi-1	−
DCuNi-3	ECuNi

鋳鉄用のアーク溶接及びガス溶接材料

旧 JIS Z 3252：2001 鋳鉄用 被覆アーク溶接棒	JIS Z3252：2012 鋳鉄用被覆アーク溶接棒, ソリッドワイヤ, フラックス入りワイヤ, 溶加棒(ティグ溶接, ガス溶接)		AWS A5.15：1990 鋳鉄用被覆アーク溶接棒, ソリッドワイヤ, フラックス入りワイヤ, 溶加棒(ティグ溶接, ガス溶接)
記号	製品形態の記号 E：被覆アーク溶接棒 S：ソリッドワイヤ及び溶加棒 T：フラックス入りワイヤ R：鋳造製の溶加棒	化学成分を 表す記号	製品形態を括弧で示す。 (被)：被覆アーク溶接棒 (ソ)：ソリッドワイヤ及び溶加棒 (フ)：フラックス入りワイヤ
共金系			
	R	FeC-1	
	E, T	FeC-2	
DFCCI	E, T	FeC-3	
	R	FeC-4	RCI（ソ）
	R	FeC-5	RCI-A（ソ）
	E, T	FeC-GF	
	R	FeC-GP1	RCI-B（ソ）
	E, T	FeC-GP2	
	E, T, R	Z	
非共金系			
	E, S, T	Fe-1	
DFCFe	E, S, T	St	
	E, T	Fe-2	
DFCNi	E, S	Ni-CI	ENI-CI（被）, ERNi-CI（ソ）
	E	Ni-CI-A	ENI-CI-A（被）
	E, S, T	NiFe-1	
	E, S, T	NiFe-2	
DFCNiFe	E	NiFe-CI	ENiFe-CI（被）
	T	NiFeT3-CI	ENiFeT3-CI（フ）
	E	NiFe-CI-A	ENiFe-CI-A（被）
	E, S	NiFeMn-CI	ENiFeMn-CI（被）, ERNiFeMn-CI（ソ）
DFCNiCu	E, S	NiCu	ENiCu-B（被）
	E, S	NiCu-A	ENiCu-A（被）
	E, S	NiCu-B	ENiCu-B（被）
	E, S, T	Z	

ニッケル及びニッケル合金被覆アーク溶接棒

JIS Z 3224 : 2010		AWS A5.11/A.11M : 2011
ニッケル		
Ni 2061	(NiTi3)	ENi-1
ニッケル－銅		
Ni 4060	(NiCu30Mn3Ti)	ENiCu-7
Ni 4061	(NiCu27Mn3NbTi)	
ニッケル－クロム		
Ni 6082	(NiCr20Mn3Nb)	
Ni 6231	(NiCr22W14Mo)	ENiCrWMo-1
—	—	ENiCr-4
ニッケル－クロム－鉄		
Ni 6025	(NiCr25Fe10AlY)	ENiCrFe-12
Ni 6062	(NiCr15Fe8Nb)	ENiCrFe-1
Ni 6093	(NiCr15Fe8NbMo)	ENiCrFe-4
Ni 6094	(NiCr14Fe4NbMo)	ENiCrFe-9
Ni 6095	(NiCr15Fe8NbMoW)	ENiCrFe-10
Ni 6133	(NiCr16Fe12NbMo)	ENiCrFe-2
Ni 6152	(NiCr30Fe9Nb)	ENiCrFe-7
Ni 6182	(NiCr15Fe6Mn)	ENiCrFe-3
Ni 6333	(NiCr25Fe16CoMo3W)	—
Ni 6701	(NiCr36Fe7Nb)	—
Ni 6702	(NiCr28Fe6W)	—
Ni 6704	(NiCr25Fe10Al3YC)	—
—	—	ENiCrFe-13
—	—	ENiCrFeSi-1
ニッケル－クロム－モリブデン		
Ni 6002	(NiCr22Fe18Mo)	ENiCrMo-2
Ni 6012	(NiCr22Mo9)	—
Ni 6022	(NiCr21Mo13W3)	ENiCrMo-10
Ni 6024	(NiCr26Mo14)	—
Ni 6030	(NiCr29Mo5Fe15W2)	ENiCrMo-11
Ni 6058	(NiCr22Mo20)	ENiCrMo-19
Ni 6059	(NiCr23Mo16)	ENiCrMo-13
Ni 6200	(NiCr23Mo16Cu2)	ENiCrMo-17
Ni 6205	(NiCr25Mo16)	—
Ni 6275	(NiCr15Mo16Fe5W3)	ENiCrMo-5
Ni 6276	(NiCr15Mo15Fe6W4)	ENiCrMo-4
Ni 6452	(NiCr19Mo15)	—
Ni 6455	(NiCr16Mo15Ti)	ENiCrMo-7
Ni 6620	(NiCr14Mo7Fe)	ENiCrMo-6
Ni 6625	(NiCr22Mo9Nb)	ENiCrMo-3
Ni 6627	(NiCr21MoFeNb)	ENiCrMo-12
Ni 6650	(NiCr20Fe14Mo11WN)	ENiCrMo-18
Ni 6686	(NiCr21Mo16W4)	ENiCrMo-14
Ni 6985	(NiCr22Mo7Fe19)	ENiCrMo-9
—	—	ENiCrMo-1
—	—	ENiCrMo-22
ニッケル－クロム－コバルト－モリブデン		
Ni 6117	(NiCr22Co12Mo)	ENiCrCoMo-1
ニッケル－鉄－クロム		
Ni 8025	(NiCr29Fe26Mo)	—
Ni 8165	(NiFe30Cr25Mo)	—
ニッケル－モリブデン		
Ni 1001	(NiMo28Fe5)	ENiMo-1
Ni 1004	(NiMo25Cr3Fe5)	ENiMo-3
Ni 1008	(NiMo19WCr)	ENiMo-8
Ni 1009	(NiMo20WCu)	ENiMo-9
Ni 1062	(NiMo24Cr8Fe6)	—
Ni 1066	(NiMo28)	ENiMo-7
Ni 1067	(NiMo30Cr)	ENiMo-10
Ni 1069	(NiMo28Fe4Cr)	ENiMo-11

ニッケル及びニッケル合金溶接用の溶加棒，ソリッドワイヤ及び帯

成分系	JIS Z 3334：2017		旧JIS Z 3334:1999	AWS A5.14/A5.14M：2011
ニッケル	Ni 2061	(NiTi3)	YNi-1	ERNi-1
	Ni 2061J	―	YNi-1	ERNi-1
ニッケル一銅	Ni 4060	(NiCu30Mn3Ti)	YNiCu-7	ERNiCu-7
	Ni 4061	(NiCu30Mn3Nb)	YNiCu-1	―
	Ni 5504	(NiCu25Al3Ti)	―	ERNiCu-8
ニッケル一クロム	Ni 6072	(NiCr44Ti)	―	ERNiCr-4
	Ni 6073	(NiCr38AlNbTi)	―	―
	Ni 6076	(NiCr20)	―	ERNiCr-6
	Ni 6082	(NiCr20Mn3Nb)	YNiCr-3	ERNiCr-3
	―	―	―	ERNiCr-7
ニッケル一クロム一鉄	Ni 6002	(NiCr21Fe18Mo9)	YNiCrMo-2	ERNiCrMo-2
	Ni 6025	(NiCr25Fe10AlY)	―	ERNiCrFe-12
	Ni 6030	(NiCr30Fe15Mo5W)	―	ERNiCrMo-11
	Ni 6043	(NiCr30Fe9Nb2)	―	―
	Ni 6045	(NiCr28Fe23Si3)	―	―
	Ni 6052	(NiCr30Fe9)	―	ERNiCrFe-7
	Ni 6054	(NiCr29Fe9)	―	―
	Ni 6055	(NiCr29Fe5Mo4Nb3)	―	―
	Ni 6062	(NiCr16Fe8Nb)	YNiCrFe-5	ERNiCrFe-5
	Ni 6176	(NiCr16Fe6)	―	―
	Ni 6601	(NiCr23Fe15Al)	―	ERNiCrFe-11
	Ni 6693	(NiCr29Fe4Al3)	―	―
	Ni 6701	(NiCr36Fe7Nb)	―	―
	Ni 6975	(NiCr25Mo6)	YNiCrMo-8	ERNiCrMo-8
	Ni 6985	(NiCr22Fe20Mo7Cu2)	―	ERNiCrMo-9
	Ni 7069	(NiCr15Fe7Nb)	―	ERNiCrFe-8
	Ni 7092	(NiCr15Ti3Mn)	YNiCrFe-6	ERNiCrFe-6
	Ni 7718	(NiFe19Cr19Nb5Mo3)	―	ERNiFeCr-2
	Ni 8025	(NiFe30Cr29Mo)	―	―
	Ni 8065	(NiFe30Cr21Mo3)	YNiFeCr-1	ERNiFeCr-1
	Ni 8125	(NiFe26Cr25Mo)	―	―
	―	―	―	ERNiCrFe-7A
	―	―	―	ERNiCrFe-13
	―	―	―	ERNiCrFe-14
	―	―	―	ERNiCrMo-1
	―	―	―	ERNiCrMo-19
	―	―	―	ERNiCrMo-22
	―	―	―	ERNiCrFeSi-1
	―	―	―	ERNiCrFeAl-1
ニッケル一モリブデン	Ni 1001	(NiMo28Fe)	YNiMo-1	ERNiMo-1
	Ni 1003	(NiMo17Cr7)	―	ERNiMo-2
	Ni 1004	(NiMo25Cr5Fe5)	YNiMo-3	ERNiMo-3
	Ni 1008	(NiMo19WCr)	―	ERNiMo-8
	Ni 1009	(NiMo20WCu)	―	ERNiMo-9
	Ni 1024	(NiMo25)	―	―
	Ni 1062	(NiMo24Cr8Fe6)	―	―
	Ni 1066	(NiMo28)	YNiMo-7	ERNiMo-7
	Ni 1067	(NiMo30Cr)	―	ERNiMo-10
	Ni 1069	(NiMo28Fe4Cr)	―	ERNiMo-11
	―	―	―	ERNiMo-12
ニッケル一クロム一モリブデン	Ni 6012	(NiCr22Mo9)	―	―
	Ni 6022	(NiCr21Mo13Fe4W3)	―	ERNiCrMo-10
	Ni 6035	(NiCr33Mo8)	―	―
	Ni 6057	(NiCr30Mo11)	―	ERNiCrMo-16
	Ni 6058	(NiCr21Mo20)	―	―
	Ni 6059	(NiCr23Mo16)	―	ERNiCrMo-13
	Ni 6200	(NiCr23Mo16Cu2)	―	ERNiCrMo-17
	Ni 6205	(NiCr25Mo16)	―	ERNiCrMo-21
	Ni 6276	(NiCr15Mo16Fe6W4)	YNiCrMo-4	ERNiCrMo-4
	Ni 6452	(NiCr20Mo15)	―	―
	Ni 6455	(NiCr16Mo16Ti)	―	ERNiCrMo-7
	Ni 6625	(NiCr22Mo9Nb)	YNiCrMo-3	ERNiCrMo-3
	Ni 6650	(NiCr20Fe14Mo11WN)	―	ERNiCrMo-18
	Ni 6660	(NiCr22Mo10W4)	―	ERNiCrMo-20
	Ni 6686	(NiCr21Mo16W4)	―	ERNiCrMo-14
	Ni 7725	(NiCr21Mo8Nb3Ti)	―	ERNiCrMo-15
ニッケル一クロム一コバルト	Ni 6160	(NiCr28Co30Si3)	―	ERNiCoCrSi-1
	Ni 6617	(NiCr22Co12Mo9)	―	ERNiCrCoMo-1
	Ni 7090	(NiCr20Co18Ti3)	―	―
	Ni 7263	(NiCr20Co20Mo6Ti2)	―	―
ニッケル一クロム一タングステン	Ni 6231	(NiCr22W14Mo2)	―	ERNiCrWMo-1

軟鋼，高張力鋼，低温用鋼及び低合金耐熱鋼用のマグ・ミグ溶接及びティグ溶接ソリッドワイヤ

軟鋼，高張力鋼，低温用鋼用		低合金耐熱鋼用	AWS 規格	
マグ溶接	ティグ溶接	マグ溶接（G）ティグ溶接（W）	US（インチ・ポンド）単位系	SI 単位系
JIS Z3312:2009	JIS Z3316:2017	JIS Z3317:2011	AWS A5.18:2005 AWS A5.28:2005	AWS A5.18M:2005 AWS A5.28M:2005
YGW11	—	—	A5.18 ER70S-G	A5.18 ER48S-G
YGW12	—	—	A5.18 ER70S-4, 6, G など	A5.18 ER48S-4, 6, G など
YGW13	—	—	A5.18 ER70S-G	A5.18 ER48S-G
YGW14	—	—	A5.18 ER70S-G	A5.18 ER48S-G
YGW15	—	—	A5.18 ER70S-G	A5.18 ER48S-G
YGW16	—	—	A5.18 ER70S-3, G など	A5.18 ER48S-3, G など
YGW17	—	—	A5.18 ER70S-G	A5.18 ER48S-G
YGW18	—	—	A5.28 ER80S-G	A5.28 ER55S-G
YGW19	—	—	A5.28 ER80S-G	A5.28 ER55S-G
G49 又は W49 で下記以外			A5.18 ER70S-G A5.28 ER70S-G	A5.18 ER48S-G A5.28 ER49S-G
G55 又は W55 で下記以外			A5.28 ER80S-G	A5.28 ER55S-G
G62 又は W62 で下記以外			A5.28 ER90S-G	A5.28 ER62S-G
G69 又は W69 で下記以外			A5.28 ER100S-G	A5.28 ER69S-G
G76 又は W76 で下記以外		—	A5.28 ER110S-G	A5.28 ER76S-G
G83 又は W83 で下記以外		—	A5.28 ER120S-G	A5.28 ER83S-G
G 49 A 3 C 2	W 49 A 3 2	—	A5.18 ER70S-2	A5.18M ER48S-2
G 49 A 2 C 3	W 49 A 2 3	—	A5.18 ER70S-3	A5.18M ER48S-3
G 49 A Z C 4	W 49 A Z 4	—	A5.18 ER70S-4	A5.18M ER48S-4
G 49 A 3 C 6	W 49 A 3 6	—	A5.18 ER70S-6	A5.18M ER48S-6
G55A4 A N2, G55A5 A N2	W 55 A 4 N2, W55 A 5 N2	—	A5.28 ER80S-Ni1 [*1]	A5.28M ER55S-Ni1 [*1]
G55P6 A N5	W 55 P 6 N5	—	A5.28 ER80S-Ni2	A5.28M ER55S-Ni2
G55P7 A N71, G55P8 A N71	W 55 P 7 N71, W 55 P 8 N71	—	A5.28 ER80S-Ni3 [*2]	A5.28M ER55S-Ni3 [*2]
G55A3 A 4M31	W 55 A 3 4M31	—	A5.28 ER80S-D2	A5.28M ER55S-D2
G62A3 A 4M31	W 62 A 3 4M31	—	A5.28 ER90S-D2	A5.28M ER62S-D2
G69A5 A N3M2	W 69 A 5 N3M2	—	A5.28 ER100S-1 [*3]	A5.28M ER69S-1 [*3]
G76A5 A N4M2	W 76 A 5 N4M2	—	A5.28 ER110S-1 [*3]	A5.28M ER76S-1 [*3]
G83A5 A N5M3	W 83 A 5 N5M3	—	A5.28 ER120S-1 [*3]	A5.28M ER83S-1 [*3]
—	—	G 49A-1M3 W 49-1M3	A5.28 ER70S-A1	A5.28M ER49S-A1
—	—	G 55A-1CM W 55-1CM	A5.28 ER80S-B2	A5.28M ER55S-B2
—	—	G 49A-1CML W 49-1CML	A5.28 ER70S-B2L	A5.28M ER49S-B2L
—	—	G 62A-2C1M W 62-2C1M	A5.28 ER90S-B3	A5.28M ER62S-B3
—	—	G 55A-2C1ML W 55-2C1ML	A5.28 ER80S-B3L	A5.28M ER55S-B3L
—	—	G 55A-5CM W 55-5CM	A5.28 ER80S-B6	A5.28M ER55S-B6
—	—	G 55A-9C1M W 55-9C1M	A5.28 ER80S-B8	A5.28M ER55S-B8
—	—	G 62A-9C1MV W 62-9C1MV	A5.28 ER90S-B9	A5.28M ER62S-B9

[*1] ER80S-Ni1, ER55S-Ni1 は，衝撃試験温度が -45 ℃。

[*2] ER80S-Ni3, ER55S-Ni3 は，衝撃試験温度が -75 ℃。

[*3] ERxxxS-1 の3種類は，シャルピー吸収エネルギーが 68 J 以上。

軟鋼,高張力鋼及び低温用鋼用アーク溶接フラックス入りワイヤ

JIS Z 3313:2009	AWS			
	A5.20:2005	A5.20M:2005	A5.29:2010	A5.29M:2010
T49J0T1-1CA	E71T-1C *	E491T-1C *		
T49J0T1-1MA	E71T-1M *	E491T-1M *		
T492T1-0CA	E70T-1C [1]	E490T-1C [1]	—	—
T492T1-0MA	E70T-1M [1]	E490T-1M [1]	—	—
T493T1-1CA	E71T-5C,9C [1]	E491T-5C,9C [1]	—	—
T493T1-1MA	E71T-5M,9M [1]	E491T-5M,9M[1]	—	—
T492T1-1CA	E71T-1C [1]	E491T-1C [1]	—	—
T492T1-1MA	E71T-1M [1]	E491T-1M [1]	—	—
T492T15-0CA	E70T-1C,G [1],[2]	E490T-1C,G [1],[2]	—	—
T492T15-0MA	E70T-1M,G [1],[2]	E490T-1M,G [1],[2]	—	—
T550T15-0CA	—	—	E80T1-GC	E550T1-GC
T59J1T1-1CA	—	—	E81Tx-GC, E91Tx-GC	E551Tx-GC, E621Tx-GC
T59J1T1-1MA	—	—	E81Tx-GM, E91Tx-GM	E551Tx-GM, E621Tx-GM
T494T1-1CA	E71T-9C-J	E491T-9C-J		
T494T1-1MA-N3	—	—	E81T1-Ni1M-J	E551T1-Ni1M-J
T496T1-1CA-N3	—	—	E81T1-Ni2C	E551T1-Ni2C
T553T1-1CA-N3	—	—	E81T1-K2C	E551T1-K2C

* JISは吸収エネルギーが0℃で47J以上, AWSは-20℃で27Jであり, 対応する場合が多い。

[1] 化学成分の上限を 炭素≦0.12%, マンガン≦1.75% とJISよりも下げている。

[2] スラグがビードを被わない程度までスラグの少ないものは, A5.18 EC70-3xに対応する。

ステンレス鋼アーク溶接フラックス入りワイヤ

スラグ系フラックス入りワイヤ

JIS Z 3323：2021	AWS A5.22：2012 [*1]
TS307	E307
TS308 [*1]	E308
TS308L [*1]	E308L
TS308H [*1]	E308H
TS308N2	—
TS308Mo	E308Mo
TS308MoJ	—
TS308LMo	E308LMo
TS308HMo [*3]	E308HMo [*3]
TS309	E309
TS309L	E309L
—	E309H [*2]
TS309J	—
TS309Mo	E309Mo
TS309LMo	E309LMo
—	E309LNiMo [*2]
TS309LNb	E309LNb
TS310	E310
TS312	E312
TS316	E316
TS316L	E316L
—	E316LK [*3]
TS316H [*1]	E316H [*2]
TS316LCu	—
TS317	—
TS317L	E317L
TS318	—
TS329J4L	—
TS347 [*1]	E347
TS347L [*1]	—
—	E347H [*2]
TS409	E409
TS409Nb	E409Nb [*2]
TS410	E410
TS410NiMo	E410NiMo
TS430	E430
TS430Nb	E430Nb [*2]
TS16-8-2	
TS2209	E2209
—	E2307
TS2553	E2553
—	E2594
TS308L-RI	R308LT1-5
TS309L-RI	R309LT1-5
TS316L-RI	R316LT1-5
TS347-RI	R347T1-5

[*1] スラグ系ワイヤには，高温用途（Bi を 10 ppm 以下に規定）タイプがあり，化学成分の記号に続けて -BiF を表示する。一方，AWS では，種類を問わず，Bi を意図的に添加した場合，または 0.002 % 以上であることが判っている場合には，報告しなければならない。
[*2] セルフシールドタイプはない。
[*3] セルフシールドタイプだけ。

メタル系フラックス入りワイヤ

JIS Z 3323：2021	AWS A5.22：2012 [*1]
—	EC209
—	EC218
—	EC219
—	EC240
—	EC307
—	EC308
TS308L	EC308L
—	EC308H
—	EC308Si
TS308Mo	EC308Mo
—	EC308LMo
—	EC308LSi
TS308MoJ	EC309
—	EC309Si
—	EC309Mo
TS309L	EC309L
—	EC309LSi
TS309LMo	EC309LMo
—	EC310
—	EC312
—	EC316
TS316L	EC316L
—	EC316H
—	EC316Si
—	EC316LSi
—	EC316LMn
—	EC317
—	EC317L
—	EC318
—	EC320
—	EC320LR
—	EC321
—	EC330
TS347	EC347
—	EC347Si
—	EC383
—	EC385
TS409	EC409
TS409Nb	EC409Nb
TS410	EC410
TS410NiMo	EC410NiMo
—	EC420
TS430	EC430
TS430Nb	
—	EC439
—	EC439Nb
—	EC446LMo
—	EC630
—	EC19-10H
—	EC16-8-2
—	EC2209
—	EC2553
—	EC2594
—	EC33-31
—	EC3556

ステンレス鋼被覆アーク溶接棒

改正JIS Z 3221:2021	AWS A5.4/A5.4M:2012[*1]
ES209	E209
ES219	E219
ES240	E240
ES307	E307
ES308	E308
ES308L	E308L
ES308H	E308H
ES308N2	—
ES308Mo	E308Mo
ES308MoJ	—
ES308LMo	E308LMo
ES309	E309
—	E309H
ES309L	E309L
ES309Mo	E309Mo
ES309LMo	E309LMo
ES309Nb	E309Nb
ES309LNb	—
ES310	E310
ES310H	E310H
ES310Mo	E310Mo
ES310Nb	E310Nb
ES312	E312
ES316	E316
ES316L	E316L
—	E316LMn
ES316H	E316H
ES316LCu	—
ES317	E317
ES317L	E317L
ES318	E318
ES320	E320
ES320LR	E320LR
ES329J1	—
ES329J4L	—
ES330	E330
ES330H	E330H
ES347	E347
ES347L	—
ES349	E349
ES383	E383
ES385	E385
ES409Nb	E409Nb
ES410	E410
ES410NiMo	E410NiMo
ES430	E430
ES430Nb	E430Nb
ES630	E630
ES16-8-2	E16-8-2
ES2209	E2209
—	E2307
ES2553	E2553
ES2593	E2593
—	E2594
—	E2595
—	E3155
—	E33-31

[*1] Bi を意図的に添加した場合，または 0.002 % 以上であることが判っている場合には，報告しなければならない。

炭素鋼・低合金鋼用サブマージアーク溶接ソリッドワイヤ

JIS Z 3351:2012	AWS A5.17/A5.17M:1997 A5.23/A5.23M:2011
YS-S1	EL8，EL12
YS-S2	EM12
YS-S3	EM12K，EM13K
YS-S4	－
YS-S5	EH12K
YS-S6	EH14
YS-S7	－
YS-S8	－
YS-M1	－
YS-M2	－
YS-M3	EA2，EA1
YS-M4	EA4
YS-M5	EA3，（EA3K）
YS-CM1	EB1
YS-CM2	－
YS-CM3	－
YS-CM4	－
YS-1CM1	EB2
YS-1CM2	－
YS-2CM1	EB3
YS-2CM2	－
YS-3CM1	－
YS-3CM2	－
YS-5CM1	EB6
YS-5CM2	－
YS-N1	（ENi1K）
YS-N2	ENi2，ENi3
YS-NM1	EF1,EF2,EF3
YS-NM2	－
YS-NM3	EF3
YS-NM4	－
YS-NM5	－
YS-NM6	－
YS-NCM1	－
YS-NCM2	EF6
YS-NCM3	EF5
YS-NCM4	－
YS-NCM5	－
YS-NCM6	－
YS-NCM7	－
YS-CuC1	－
YS-CuC2	－
YS-CuC3	－
YS-CuC4	－
YS-G	EG

溶接用ステンレス鋼溶加棒，ソリッドワイヤ及び鋼帯

JIS Z 3321：2021	AWS A5.9：2012
−	ER209
−	ER218
−	ER219
−	ER240
YS307，BS307	ER307
YS308，BS308	ER308
YS308H，BS308H	ER308H
YS308Si，BS308Si	ER308Si
YS308Mo，BS308Mo	ER308Mo
YS308N2，BS308N2	−
YS308L ，BS308L	ER308L
YS308LSi，BS308LSi	ER308LSi
YS308LMo，BS308LMo	ER308LMo
YS309，BS309	ER309
YS309Si，BS309Si	ER309Si
YS309Mo，BS309Mo	ER309Mo
YS309L，BS309L	ER309L
YS309LD，BS309LD	−
YS309LSi，BS309LSi	ER309LSi
YS309LMo，BS309LMo	ER309LMo
YS309LMoD，BS309LMoD	−
YS309LNb，BS309LNb	−
YS309LNbD，BS309LNbD	−
YS310，BS310	ER310
YS310S，BS310S	−
YS310L，BS310L	−
YS312，BS312	ER312
YS316，BS316	ER316
YS316H，BS316H	ER316H
YS316Si，BS316Si	ER316Si
YS316L，BS316L	ER316L
YS316LSi，BS316LSi	ER316LSi
YS316LCu，BS316LCu	
−	ER316LMn
YS317，BS317	ER317
YS317L，BS317L	ER317L
YS318，BS318	ER318
YS318L，BS318L	
YS320，BS320	ER320
YS320LR，BS320LR	ER320LR
YS321，BS321	ER321
YS329J4L，BS329J4L	−
YS330，BS330	ER330
YS347，BS347	ER347
YS347Si，BS347Si	ER347Si
YS347L，BS347L	−
YS383，BS383	ER383
YS385，BS385	ER385
YS16-8-2，BS16-8-2	ER16-8-2
YS19-10H，BS19-10H	ER19-10H
YS2209，BS2209	ER2209
−	ER2307
YS409，BS409	ER409
YS409Nb，BS409Nb	ER409Nb
YS410，BS410	ER410
YS410NiMo，BS410NiMo	ER410NiMo
YS420，BS420	ER420
YS430，BS430	ER430
YS430Nb，BS430Nb	−
YS430LNb，BS430LNb	−
−	ER439
YS630，BS630	ER630
−	ER446LMo
−	ER2553
−	ER2594
−	ER33-31
−	ER3556

注）JIS Z 3321:2010の記号の先頭2文字　ワイヤ：YS，鋼帯：BS

銅・銅合金イナートガスアーク溶加棒・ソリッドワイヤ

JIS Z 3341:1999	AWS A5.7:2007
YCu	ERCu
—	—
YCuSiA	—
YCuSiB	ERCuSi-A
YCuSnA	ERCuSn-A
YCuSnB	ERCuSn-B
—	ERCuAl-A1
YCuAl	ERCuAl-A2
—	ERCuAl-A3
YCuAlNiA	—
YCuAlNiB	—
YCuAlNiC	ERCuNiAl
—	
—	
YCuNi-1	—
YCuNi-3	ERCuNi
—	
—	ERCuMnNiAl

アルミニウム及びアルミニウム合金の溶加棒及び溶接ワイヤ

JIS Z 3232：2009	AWS A5.10/A5.10M：2012	JIS Z3232：2009	AWS A5.10/A5.10M：2012
A1070-WY, A1070-BY	ER1070, R1070	A4643-WY, A4643-BY	ER4643, R4643
A1080A-WY, A1080A-BY	ER1080A, R1080A	A5249-WY, A5249-BY	ER5249, R5249
A1188-WY, A1188-BY	ER1188, R1188	A5554-WY, A5554-BY	ER5554, R5554
A1100-WY, A1100-BY	ER1100, R1100	A5654-WY, A5654-BY	ER5654, R5654
A1200-WY, A1200-BY	ER1200, R1200	A5654A-WY, A5654A-BY	ER5654A, R5654A
A1450-WY, A1450-BY	ER1450, R1450	A5754-WY, A5754-BY	ER5754, R5754
A2319-WY, A2319-BY	ER2319, R2319	A5356-WY, A5356-BY	ER5356, R5356
A3103-WY, A3103-BY	ER3103, R3103	A5356A-WY, A5356A-BY	ER5356A, R5356A
A4009-WY, A4009-BY	ER4009, R4009	A5556-WY, A5556-BY	ER5556, R5556
A4010-WY, A4010-BY	ER4010, R4010	A5556C-WY, A5556C-BY	ER5556C, R5556C
A4018-WY, A4018-BY	ER4018, R4018	A5556A-WY, A5556A-BY	ER5556A, R5556A
A4043-WY, A4043-BY	ER4043, R4043	A5556B-WY, A5556B-BY	ER5556B, R5556B
A4043A-WY, A4043A-BY	ER4043A, R4043A	A5183-WY, A5183-BY	ER5183, R5183
A4046-WY, A4046-BY	ER4046, R4046	A5183A-WY, A5183A-BY	ER5183A, R5183A
A4047-WY, A4047-BY	ER4047, R4047	A5087-WY, A5087-BY	ER5087, R5087
A4047A-WY, A4047A-BY	ER4047A, R4047A	A5187-WY, A5187-BY	ER5187, R5187
A4145-WY, A4145-BY	ER4145, R4145		

JISとAWSとは完全に整合しています。

A○○○○−WY ←→ ER○○○○

A○○○○−BY ←→ R○○○○

索　引

内外溶接材料銘柄一覧2023年版

2022年11月20日　発行

編　　　者　　産報出版株式会社

発 行 者　　久 木 田　裕

発 行 所　　産報出版株式会社

〒101-0025　東京都千代田区神田佐久間町1丁目11番地
TEL.03-3258-6411／FAX.03-3258-6430
ホームページ　https://www.sanpo-pub.co.jp

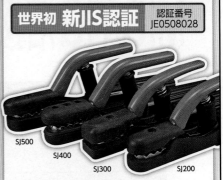
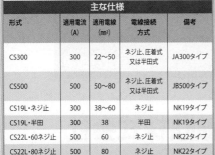